外形、習性、特徵詳盡解說

野鳥觀察圖鑑

Name of the wild bird

前言

野鳥是與我們最親近的野生動物之一。
在大街上不可能碰到鹿或野豬，
但幾乎每一天，都會看見好幾種野鳥。

野鳥是如此近在眼前，然而親子之間所能認得的，
往往僅限於麻雀、燕子、鴿子和烏鴉。

我們對鳥兒之所以一知半解，是因為鳥兒會飛。
孩子們走在路上、公園時，可以將討喜的花花草草拿來當髮飾，
也能親手捕捉昆蟲，仔細地飼養與觀察。
相較於此，野鳥卻總停在遙遠的樹上，不太能窺其面貌，
一旦想要靠近，又會馬上振翅離去，
因此我們實在難以想像牠們的模樣。

即使抱有興趣，倘若無從觀察，興致很快就會消失殆盡。
當孩子詢問：「那隻是什麼鳥？」
身為父母，總會發現自己其實一無所知。

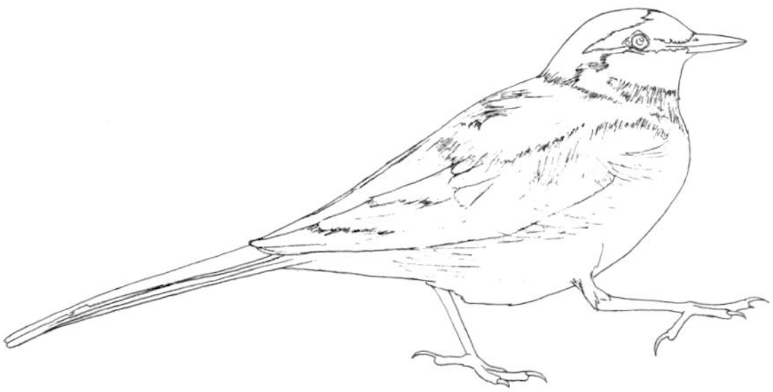

本書旨在幫助對野鳥全然不了解的親子，
期待親子能從閱讀中認識並享受野鳥之美。
書中僅會介紹孩子們在市區以肉眼可見，也就是離我們最近的那些鳥兒。
為使孩子們感到親切，書中會描述易辨識的鳴叫聲、
用橡實來比擬鳥兒的尺寸，並刊登了大量的插畫和照片等。

我們眼前這小小的鳥類，其實是恐龍的後裔。
之中某些鳥兒，甚至是從遙遙遠方旅渡大海，才飛到了我們眼前。
在認識這些鳥兒的鳴叫聲、外形等特徵後，
就會發現身邊其實有多少鳥兒，與我們一同生活著。
而若能記住這些資訊，想必也會發現，自己開始能夠識別野鳥了。
當鳥兒偶然造訪庭院，說不定還能仔細觀察牠們的模樣。
當下所獲得的印象，轉瞬間就會深入孩子們的腦海之中。

往後若媽媽不見鳥兒的身影，只聞鳥鳴，
就能自然說出「現在後院有隻白頰山雀跑來玩了喔」，
相信這位媽媽，必定會成為孩子心目中厲害的鳥類博士。

目次

本書使用說明

「鳴叫聲諧音」一欄，會將該種鳥兒的鳴叫聲比擬成人類的語言，以幫助記憶。此外，透過智慧型手機掃描書中所刊的QR code，就能聽到該種鳥兒的鳴叫聲。

與鳥兒等比例的橡實大約這麼大

JAPANESE TIT

Parus minor

白頰山雀

雀形目山雀科

常見程度 ◆◆◆

大小：全長15㎝（麻雀大小）
可見季節：全年
可見場所：市區、公園、草地、河灘
電線、鳥巢、枝頭、地面
鳴叫聲：「吱—呸—吱吱嗶—」、
「啾咕啾咕」、「唧!唧—」
鳴叫聲諧音：「植被植被」、
「窮苦窮苦」

好奇心旺盛，容易親人的野鳥

好想跟如此可愛的小鳥當朋友……
白頰山雀正是最容易實現這個願望的鳥兒。
這種鳥的胸前繫著黑色領帶，
是飼料台的常客，
也很願意進入人類所打造的鳥巢內。
牠們的棲息範圍非常遼闊，不太懼怕人類。
身體雖然嬌小，行動時卻無所畏懼。
多虧了這樣的性格，我們可以仔仔細細地觀察牠們。

萬能的適應能力

不太熟悉鳥類的人，光看照片，或許會誤以為這種野鳥只在流著清澈小河的山中才能一窺面貌。其實白頰山雀擁有相當高度的適應能力，因此在山邊、草原、街上的公園等處都很常見。一般鳥類為了避免爭奪食物，通常都會擇地居住；但白頰山雀卻幾乎不會挑選樹種，無論落葉樹、闊葉樹或針葉樹等，在各種地方大多都能見到。其所喜好的食物也相當多樣，從高脂肪成分的食物，以至於樹果，樣樣都吃。牠們之所以容易成為飼料台的常客，也是因為此緣故。此外白頰山雀也具有不怕人的大膽性格，只要吃到了好食物，就會不斷跑來吃。腳部的形狀對牠們也相當有利，無論是纖細的樹枝，或是平坦之處，大致上任何地方都能適應。諺語有云「四十而不惑」（＊註：白頰山雀的日文名為四十雀），像白頰山雀這樣，看來也是一副無所困惑、大剌剌地活著。

白頰山雀能夠停在細小樹枝，也能停在較粗的枝幹上。雄雌鳥的差異不大，雄鳥的黑色領帶比較粗

白頰山雀在育幼時也很大膽，會直接使用樹洞或啄木鳥的舊巢，甚至會住進郵筒或庭院的盆栽中

容易受到吸引的野鳥

抓準白頰山雀的特性，在庭院中打造鳥巢，在飼料台上放置葵花子、堅果類、牛油等，就有很高的機率吸引牠們來訪。

容易混淆的野鳥

【褐頭山雀】
【煤山雀】

乍看之下如出一轍，其實差異就在於胸前有無黑色領帶。上圖為褐頭山雀，下圖為煤山雀。

【右上】白頰山雀會用小小的鳥喙捕捉蟲子等。其腳趾相當靈活，可以抓緊枝枒【左下】白頰山雀很喜歡洗澡。可以去除附著在身體上的蜱蟎和寄生蟲

WHITE WAGTAIL

Motacilla alba

與鳥兒等比例的橡實大約這麼大

白鶺鴒

雀形目鶺鴒科

常見程度 ◆◆◆

大小：全長21㎝
可見季節：全年
可見場所：市區、公園、淺水、地面
停車場及河濱的地面
電線、建築物上
鳴叫聲：「啾伊哩－」、「喊喊！」
鳴叫聲諧音：無

在停車場和公園裡飛快行走的鳥

光聽名字，實在沒什麼印象。
但若看了照片，大部分的人都會想起：
「喔！這是停車場很常見的那種鳥。」
牠們經常毫無防備地走在平坦的場所，
彷彿一伸手就能捉住，
因而總會被孩子們追著跑。
不過牠們就像賽跑選手那般，會在地面上飛速奔逃，
等到覺得實在太危險，才會振翅飛起。
牠們看似很喜歡人造物體，
其實原本曾是居於河川的鳥類。

在居於河川的各種鶺鴒之中白鶺鴒被擠到了最下游……。

在有水窪的停車場、河濱的地面等處，經常都能到見白鶺鴒的身影。牠們會用長長的腳站著不動，若想靠近看個清楚，牠們就會咻咻地奔逃而去。鶺鴒類是水邊的鳥，無怪乎擁有一雙長腿。牠們會在河川流域各據棲地，上游是灰鶺鴒，中游是日本鶺鴒，下游則是白鶺鴒。隨著時代變遷，下游的水逐漸竭盡，或遭到填平造地，或成為溝渠，白鶺鴒因而逐漸適應，就算離開水域也能生存。因此牠們除了昆蟲外，有時也會食用小魚。在路樹和橋梁等處，白鶺鴒會跟成群嘎嘎吵鬧的灰椋鳥待在一塊，並會在市區結群保有鳥巢。比起居於河川的日本鶺鴒，進入市區堅強維生的白鶺鴒，分布範圍反而更加遼闊，得以興盛繁衍。從白鶺鴒的身上，也可以看出人類生活的變遷。

白鶺鴒的外觀其實會隨著季節改變。這是夏天時的模樣，身體上側部分為黑色，黑白分明

冬天時的白鶺鴒。灰色的部分偏多，感覺不顯眼。看起來有如亞種，其實一樣是白鶺鴒

其實也很擅長飛行！

白鶺鴒給人一種老在地面上走路的印象，但其實牠們也很擅長飛行。其得意絕招是「飛抓」，會向上垂直飛起，捕捉在空中的蟲子等。此外地盤意識也很強烈，會在顯眼的場所啁啾鳴叫。

容易混淆的野鳥

【日本鶺鴒】
【灰鶺鴒】

日本鶺鴒（上圖）是白鶺鴒的同類，居住在河川中游。其黑色面積較白鶺鴒多，只有眉毛是白色的。聲音稍微沙啞，會「唧唧」鳴叫。下圖是住在河川上游的灰鶺鴒。

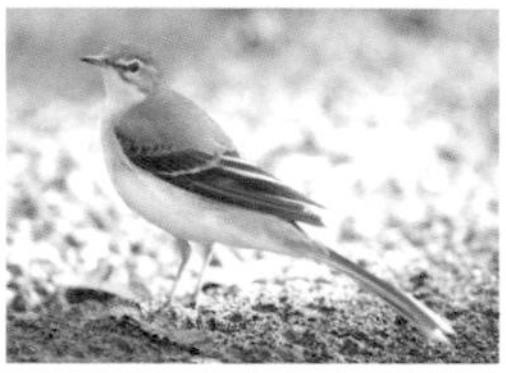

【右上】或許是出於本能，當白鶺鴒身在水邊，就會去尋找水生昆蟲和小魚。看起來似乎很有精神【左中】白鶺鴒的雛鳥。牠們會在橋上等處築巢

BROWN-EARED BULBUL

Hypsipetes amaurotis

與鳥兒等比例的橡實大約這麼大

棕耳鵯

雀形目鵯科

常見程度 ◆◆◆

大小：全長28㎝（鴿子大小）
可見季節：全年
可見場所：市區、公園、民宅的庭院、地面、枝頭、花朵或果實旁
鳴叫聲：「噼—噼—」、「嘻—唷嘻—唷」「噼—唷囉咿囉噼」
鳴叫聲諧音：無

頭頂蓬亂，紅臉頰的嗜甜者

棕耳鵯這幾十年來，在市區裡一口氣增加了不少。
這種野鳥原本住在山裡，
是每到冬季就會下山來到山邊聚落的漂*鳥；
近期則是全年都傍人煙而居，
如今已稱得上是最常造訪飼料台的鳥類。
牠們最喜歡吃甜甜的果實。
一頭蓬亂，臉頰附近紅紅的，看過一次就不會忘。
然而許多人卻都說「不認識」這種鳥，
難道是因為牠們的顏色比較低調嗎？
只要仔細觀察，就會發現灰羽毛中帶有淡淡的藍，
並與褐色混雜，實在相當時髦，可愛動人。

＊指會隨季節改變居留地帶的鳥。

賞鳥人士相當熟悉的鳥類

其實棕耳鵯算是最容易碰見的野鳥，幾乎足與鴿子、麻雀匹敵。如果在市區聽見「噼—唷噼—唷」、「嘻—唷嘻—唷」的鳴叫聲，代表棕耳鵯就在附近。這種鳥經常鳴叫，以至於其日語名稱（ヒヨドリ，意為「嘻唷鳥」）也是取自其鳴叫聲。由於主要僅居於日本四周，某種程度上算是很有日本味的鳥兒。牠們熱愛甜食，只要拿出蘋果、柿子、蜜柑等，馬上就會飛過來，靈巧地吃到只剩下皮。此外牠們也酷愛花蜜，會摘下梅花、櫻花、山茶花等花朵，用長舌頭舔舐花蜜。或許有些人看到棕耳鵯將花吃得零零落落會不太開心，但棕耳鵯就跟蜜蜂一樣，是能幫忙傳播花粉的生物。對植物而言，牠們可是重要的貴客。如果看見棕耳鵯的嘴喙附近有點黃黃的，或許是因為剛剛將臉埋進花朵裡頭，舔食了大量的花蜜。牠們相當注重地盤，平時會單獨行動。牠們會左看右看，確認附近是否有敵人。

雖然有時也會吃昆蟲等，基本上還是愛吃甜的。棕耳鵯相當熱愛果實、花蜜、樹果等，吃起來動作很靈活，速度也很快

鳥巢是漂亮的碗型。只要是身邊可取得的物品，都會拿來築巢，有時甚至會使用塑膠繩等人造物品

遷徙時期會成群結隊

部分地區的棕耳鵯到了秋天就會遷徙。棕耳鵯平時都是單獨行動，會互相爭奪地盤，唯獨到了遷徙之際，才會冷不防地聚成群體。這個機制的成因尚不明朗。

容易混淆的野鳥

【無】

棕耳鵯並沒有跟哪種鳥兒相像到容易搞錯。牠們的特徵相當難以忽視，只要看過後記下來，任誰都能一眼認出「這是棕耳鵯」。在某種程度上，牠們也稱得上是圖鑑中最能馬上記住的野鳥。明明是偶遇機率如此之高、這麼容易辨認的鳥類，知名度卻低到極點，不曉得的人就算看了照片，也會給出「完全沒看過」、「連名字都沒聽過」的答案。實在是有些可憐的野鳥。

【左上】長長的鳥喙和蓬亂的頭頂相當好認【左下】要遇見棕耳鵯是很簡單的。只要去到櫻花樹、梅花樹下，或在庭院裡擺放蘋果或蜜柑即可。相信不用一週時間，牠們就會來訪了

DAURIAN REDSTART

Phoenicurus auroreus

黃尾鴝

雀形目鶲科

常見程度 ◆◆◇

大小：全長14cm（麻雀大小）
可見季節：冬
可見場所：住宅區、公園、河濱
開闊明亮的場所
約與視線等高的矮樹或突出物上
鳴叫聲：「嘻！嘻！」、「咯！咯！」
鳴叫聲諧音：無

冬鳥明星，好想見見廬山真面目

在野鳥愛好者之間，黃尾鴝具有偶像般的高人氣。
體型圓滾滾的，小巧玲瓏卻很強勢。
非常獨立、不太結群的這一點也很迷人。

相較於森林裡，
牠們更常停留在有人煙的公園和籬笆等處，
擺動著尾羽，跟大家打招呼。
那不過度華麗的色調，也很符合日本人的愛好。

性格獨立，會劃分地盤

黃尾鴝這種冬鳥，在北海道很罕見，但在日本幾乎所有地區的聚落中都能找到。尤其是橘色的雄鳥，就算停在枝頭上，也能透過羽色辨認。牠們會獨自行動，地盤意識相當強，若有其他鳥兒侵犯界線，就會攻擊驅趕，有時還會跟映照在汽車鏡面中的自己吵起架來。明明身體這麼圓、又這麼小隻——弱小的小鳥照理說都會成群結隊，黃尾鴝那獨自挺身而出的模樣，實在勇氣可嘉。牠們會吃南天竺、漆樹、日本紫珠等的果實，也熱愛吃蟲子。比起自然豐腴的森林，更常出現在人類聚落。這或許是因為在聚落裡頭，可當食物的昆蟲和植物比較豐富的緣故。其特徵是會先發出「嘻！嘻！」的基礎鳴聲，接著啪噠啪噠地擺動著尾羽，一邊鳴叫。雄鳥和雌鳥長得完全不一樣，但兩者的模樣都很可愛，幾乎難分秋色。

黃尾鴝的雄鳥。腹部是紅橙色，背部偏黑，頭部銀色，翼上有白斑，相當好認

黃尾鴝的雌鳥。整體呈灰褐色，翼上跟雄鳥一樣有白斑。從背部到尾羽呈淡淡紅褐色

不介意人造物體

黃尾鴝的性格類型，一言以蔽之就是孤獨一匹狼。牠們落落大方，少有懼怕。站在人類所打造的突出物、柵欄等物體上頭也能處之泰然，會警戒是否有東西闖入自己的地盤。

容易混淆的野鳥

【藍尾鴝的雌鳥】

黃尾鴝的雄鳥並沒有類似的鳥兒，但雌鳥卻很近似於藍尾鴝的雌鳥。差異點在於尾羽的顏色。黃尾鴝是淡淡紅褐色，藍尾鴝則是藍寶石色。

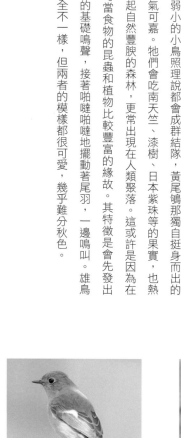

不愧是黃尾鴝。無論從哪個角度，雄鳥、雌鳥都可愛不已！簡直如偶像的寫真集般超凡出眾。

JUNGLE CROW

Corvus macrorhynchos

巨嘴鴉

雀形目鴉科

常見程度 ◆◆◆

大小：全長55～60㎝
可見季節：全年
可見場所：公園、枝頭、建築物上
電線、垃圾場、地面
鳴叫聲：「咖啊咖啊」、「咖—咖—」
鳴叫聲諧音：「卡卡」

最貼近生活，卻鮮為人知的鳥

這是我們都很熟悉的「烏鴉」。
不過其實「烏鴉」是雀形目鴉科鴉屬的總稱，
總共有上百個類型。
而在日本大都市的街道上、公園裡所會見到的，
分別是「巨嘴鴉」和「細嘴鴉」這2種。
照理說這2種烏鴉應該都頻繁可見，
但留意到牠們的人卻相當少。
牠們的叫聲和外形都不相同，只要學會分辨，
以後就能夠告訴別人，現在眼前的這隻是哪種烏鴉囉。

烏界頭號超級菁英。遙遙領先的聰明才智！

在日本主要可以見到的烏鴉，分別是「巨嘴鴉」、「細嘴鴉」這2種。牠們的差異如同其名，在於嘴喙的粗細。巨嘴鴉會發出「咖啊咖啊」的叫聲。細嘴鴉則是「嘎啊嘎啊」的混濁鳴聲。大家可能覺得烏鴉是居於都會，專門翻找人類垃圾的討厭鬼，但其實牠們本來曾是住在森林裡的鳥。街道上之所以會出現眾多烏鴉，是因為牠們有著優異的適應能力以及聰明才智。相較於其他鳥類，烏鴉的腦非常巨大，甚至還會展現「遊玩」這樣的高階行為。一般鳥類所有的行動，都是為了找尋食物、繁殖等「生存所需」的必要之舉。而烏鴉卻不太一樣，牠們會像孩子一般，拾起掉落的物品後試著翻動，或將物品扔到空中再接住，嘗試從溜滑梯上「咻」地滑下，將鐵棒翻滾一圈……許許多多的謎樣行動，都跟生存沒有直接的關聯。另外烏鴉也會記住曾捉弄過牠們的人類長相。

牠們也會在路樹、電線上等處築巢。材料除了小樹枝，還包括衣架、絕緣膠帶等，什麼都會拿來用

巨嘴鴉。有時還會運用那巨大拱狀的嘴喙，在空罐等處鑽洞

蛋的顏色是薄荷綠

其實烏鴉蛋的顏色相當驚人，大小約5cm。每次會產下約5顆蛋，但平均只有2隻能夠平安長大。當烏鴉對人類採取攻擊態度，有可能是因為想守護位於附近的鳥巢。

容易混淆的野鳥

【細嘴鴉】

嘴喙較巨嘴鴉細且扁。在公園、廣場等開放場所經常可見。如果不是巨嘴鴉，十之八九就是細嘴鴉。在極少數時候，也有可能是禿鼻鴉。

【左上】擁有「叢林鴉」之稱的巨嘴鴉，能夠在森林裡自由自在地飛翔往返，是很擅長飛行的鳥類【右下】從側面觀看，額頭和嘴喙都頗具特色。看臉部就會曉得這是巨嘴鴉

與鳥兒等比例的橡實大約這麼大

JAPANESE WHITE-EYE

Zosterops japonicus

綠繡眼

雀形目繡眼科

常見程度 ◆◆◆

大小：全長12cm
可見季節：全年
可見場所：市區、公園、住宅的庭院
路樹、櫻花或梅花或果實旁
在樹枝上排排站
鳴叫聲：「嘁—嘁—」、「啾啾」、
「唧咿—唧咿—」
鳴叫聲諧音：「七九七」

有一定機率 會跟短翅樹鶯搞混

有著白色眼圈的「綠繡眼」，會在櫻花樹、梅花等處吸食花蜜，只要放了蜜柑就會跑來嬉戲。因為白色的眼圈而得日文名「目白」。

綠繡眼明明是大名鼎鼎的鳥兒，卻經常被誤認為「短翅樹鶯」。試著在網路上搜尋「短翅樹鶯」，有高達約2、3成的機率，都是把綠繡眼當成了短翅樹鶯在介紹。

人們視之為春日象徵，實際上一整年都在身旁

綠繡眼在日本是廣受喜愛的一種野鳥。小小的身體會在枝枒間上上下下、匆忙來去，吸食著果實和花蜜。那模樣實在太過可愛，因此不少人都會在庭院裡放置蜜柑、果汁台，藉以吸引綠繡眼前來。牠們也經常會造訪公園等處的櫻花樹、梅花等，經常會碰到有人說「這是短翅樹鶯」。牠們吸食花蜜的姿態美麗如畫，許多人都會按下快門；在網路上也有大量綠繡眼的照片，會被稱為「短翅樹鶯」。順帶一提，真正的短翅樹鶯並沒有白色眼圈，更不是一般人所想像的那種顏色。綠繡眼喜愛甜食，會用筆狀的舌頭舔舐花蜜。另一方面，屬於雜食性的牠們，其實意外地經常食用蜘蛛。這是因為綠繡眼會將蜘蛛網的絲當成黏著劑，用來纏繞枯葉和苔癬植物等，製造出碗型鳥巢。長相雖然可愛，行為卻相當粗暴。綠繡眼其實全年可見，這一點或許也很令人意外。

綠繡眼的鳥巢約為手掌大小。雖然是以天然材質打造，卻會利用蜘蛛網來製作出漂亮的碗狀鳥巢

在飼料台上放置蜜柑，經常都能吸引綠繡眼前來。身材如此短小，卻拚了命地喝著果汁，那模樣實在令人佩服

喜歡推來推去

有時2隻綠繡眼會站在一塊，緊靠著身體互相推擠。日本人因而以此種習性比喻擁擠，產生了「目白押し」（字面意思為「綠繡眼推擠」）的說法。這般感情融洽的模樣，也讓人好生喜歡。

容易混淆的野鳥

【笠原吸蜜鳥】
【短翅樹鶯】

其實綠繡眼還有一種具備黑色眼圈的同類「笠原吸蜜鳥」。這種鳥只居住在小笠原群島等處，不太可能搞錯，但認識一下也很有趣。而最常跟綠繡眼混淆在一起的短翅樹鶯，將在P030處介紹，可供比較。

綠繡眼跟花兒的關係密不可分。其實除了櫻花、梅花等宣告春日來臨的花朵外，綠繡眼也會吸食其他花朵的花蜜，但或許由於日本市區的樹木常是櫻花等，因而造就出了報春鳥的形象

JAPANESE BUSH WARBLER

Cettia diphone

短翅樹鶯

雀形目樹鶯科

常見程度 ◆◆◇

大小：雄鳥全長16cm、雌鳥全長14cm
可見季節：全年
可見場所：市區、公園、民宅的庭院枝頭、草叢、梅花附近
鳴叫聲：「呼呼給球」、「給球給球」、「恰！恰！」
鳴叫聲諧音：「法、法華經」

其實，短翅樹鶯是這種顏色

鳥類當中最為著名的鳴叫聲。
倘若問起：短翅樹鶯怎麼叫？
相信在100人之中，
會有100人馬上答出「呼呼給球」。
但是，當拿出短翅樹鶯的照片，
又有幾個人能夠正確指出「這是短翅樹鶯」呢？
明明知道名號，卻從未見過半次的鳥——
短翅樹鶯也稱得上是第一名了。

短翅樹鶯原來是這樣？好多不為人知的小祕密

短翅樹鶯很樸素。之所以會有那麼多人把綠繡眼誤認為短翅樹鶯，是因為綠繡眼的顏色比較接近「樹鶯色」給人的感覺。許多日本人都認為「樹鶯色」是抹茶般的色澤，但實際上不論樹鶯色，或是短翅樹鶯本尊，與其說是綠，不如說更接近茶色。至於為何會產生這種誤解？相信和式點心店對此造成了很大的影響。「鶯麻糬」上頭會撒上青豆粉，「鶯麵包」也會使用豌豆內餡，兩種都是很像抹茶的顏色。因此不曾看過短翅樹鶯的人，才會誤以為短翅樹鶯就是這種顏色。另外，短翅樹鶯在春季時的啁啾聲「呼呼給球」相當有名，但在其他季節所會發出的基礎鳴聲「恰！恰！」卻幾乎無人知曉。當短翅樹鶯升起戒心時，則會發出足以響徹山谷的激烈叫聲「給球給球給球給球」。

當短翅樹鶯發出「呼ー呼給球」的鳴囀聲時，會直接伸長脖子，大聲鳴唱。基礎鳴聲則是如咋舌般的「恰！恰！」聲

如照片所示，短翅樹鶯大多使用的蘆葦或華箬竹等製作鳥巢，蛋呈現胭脂紅色。喜愛在草叢中築巢，無論身體或鳥巢都具有保護色

容易混淆的野鳥

【西方大葦鶯】
【短尾鶯】
【冠羽柳鶯】

跟短翅樹鶯長相類似的野鳥有很多。不過每一種的叫聲都跟短翅樹鶯不同。例如居於水畔的西方大葦鶯（上圖），便有著天差地遠的叫聲「就就」。短尾鶯（中圖）會發出蟲鳴般的「嘻嘻嘻嘻」叫聲，尾羽比較短，身材顯得短小，白色眉毛，目光銳利。冠羽柳鶯（下圖）也有白眉，羽毛再偏橄欖色一些，會發出「嘁唷嘁唷嗶 ── 」的鳴聲，聽起來有點像是「燒酒一杯故意」。

短翅樹鶯 JAPANESE BUSH WARBLER

短翅樹鶯跟白腹琉璃、日本歌鴝齊名，是日本三大鳴鳥之一。這種鳥兒相當受到歡迎，甚至還被山梨縣和福岡縣選為縣鳥。但人們對其長相的認識卻跟熱愛不成比例⋯⋯

DUSKY THRUSH

Turdus eunomus

斑點鶇

雀形目鶇科

常見程度 ♦♦♦

大小：全長24㎝
可見季節：秋至春
可見場所：市區、公園、草地、屋頂上
突出物、枝頭、樹梢、地面
鳴叫聲：「奇！奇！」、「哭哇ー哭哇！」、
「出！出！」
鳴叫聲諧音：無

總是在玩「一二三木頭人」

不同於巨大的身體，斑點鶇其實是有點畏縮的老實人。
就算想飛來吃喜歡的果實或蘋果，
如果還有其他鳥兒在，就會不太敢靠近，
只敢在角落偷偷吃著剩下的碎屑。
那賊頭賊腦的行動也很有趣。
稍微走一下就定住，又走一下、又定在原地，
會獨自不斷重複著這樣的動作。
由於牠們老是在地面上行走，
幾乎讓人懷疑「真的會飛嗎？」
但牠們其實是遠從西伯利亞飛來過冬的冬候鳥。
這種鳥的動作很獨特，看見時總會忍不住發笑。

使勁挺起胸膛，在地面上小步快走

斑點鶇有點「異於常鳥」。首先外觀就很獨特。待在地面上的時候，則會像企鵝般垂下雙翼，近乎直立不動。正以為牠不會動，卻又突然振翅飛起，接著又靜止了一陣。斑點鶇總會不斷重複這組動作，若在一旁試著偷偷唸道「一、二、三，木、頭、人」會發現步調幾乎相合，有趣得令人發笑。斑點鶇是從西伯利亞千里迢迢飛來的冬候鳥。一說是由於牠們幾乎不會鳴叫，總是「緘默不語」，日語中才會稱牠們為「ツグミ」（意為緘默）。明明其實是從空中飛來的，在日本時卻感覺老是待在地面。此外從西伯利亞渡海而來之際，明明本該是成群結隊，一抵達日本之後，卻會開始單獨行動，簡直就像在景點解散遊逛的觀光客一般。牠們會戰戰兢兢地窺伺著一旁的情形，就算是比自己小了許多的鳥兒飛過來，有時也會嚇得拔腿逃竄。別嚇到牠們，試著從遠處靜靜觀察吧。

雄雌鳥幾乎沒有差異，特徵都是有眉斑、喉嚨部分是白色。鳴叫聲包括「奇！奇！」、「哭哇！哭哇！」等

斑點鶇站立時的模樣。牠們會以這種姿態靜止不動，接著又突然小步快速前行

有許多亞種

斑點鶇有許多亞種。整體色澤偏淡，頭部和背部是灰的。有些個體連眉斑都淡到不太分明。

容易混淆的野鳥

【赤腹鶇】
【白腹鶇】

如同其名，腹部偏紅的是「赤腹鶇」（上圖），偏白的則是「白腹鶇」（下圖）。體型也很相似，但最近較少看見。

【右中】按靜立方式不同，有時看起來胖胖的，有時看起來很苗條【左下】斑點鶇的同類烏灰鶇也很受歡迎

VARIED TIT

Poecile varius

雜色山雀

雀形目山雀科

常見程度 ◆◆◇

跟誰都能當好朋友的和平主義者

如同外表，雜色山雀是種溫和的鳥兒。
牠們能夠橫跨品種，跟其他鳥兒共住在同一棵樹上，
此外也出了名的親人。
以人類來比喻，就像是消息比誰都靈通、
具有強大情報能力的女孩一樣。
尋找食物的動作也極為迅速。
牠們喜歡「吱—吱—嗶—」、
「吱—吱—嗶—」地東聊西聊，
跟誰都能融洽相處。

大小：全長14cm（麻雀大小）
可見季節：全年
可見場所：市區、公園、草地、河灘
農耕地、濕地、樹林、樹上、樹梢
鳴叫聲：「吱—吱—嗶—」、「呢—呢—呢—」
鳴叫聲諧音：無

雜色山雀具有強大的情報能力！

一瞬間差點要錯看成布偶了。如此弱不禁風的鳥兒，真的能在嚴苛的大自然中存活下來嗎？實在令人有些擔心；但其實雜色山雀很能跟周遭的鳥兒和睦相處，懂得以高超手段確保自己的容身之處。一般而言交情很難跨越品種，但對雜色山雀而言，四海非敵皆是友。每到冬天，雜色山雀就會採取「混群」的做法，跟其他感情好的鳥兒們混在一塊行動，睡在同棵樹上，品嚐同樣的食物。雜色山雀的友好鳥群，包括白頰山雀、銀喉長尾山雀、綠繡眼、小星頭啄木等，橫跨多個物種。雜色山雀尋找食物的能力特別優異，交換情報的能力不容小覷。「那邊有個很棒的食物收集地喔。大家一起去吧。」牠們會這樣告訴友好的朋友們，跟大家組成團隊，以減少自身被敵人襲擊的風險。此外，喜歡待在上層枝枒的白頰山雀、銀喉長尾山雀等，則比其他鳥兒更能迅速察覺敵人來襲，因此也會將這個訊息告訴大家。弱小的同伴們貢獻各自的長處，相互扶持地生存著。

頭部是黑與白的雙色調。雜色山雀會吃昆蟲，但也喜歡果實，有時會把果實塞進樹皮縫隙等處存放

雜色山雀對地域抱有強烈的執著，只會在狹小的區塊中生活。在附近公園裡見到的個體，說不定是當地的常客

也許願意站在人手上？

雜色山雀主要居於日本，不會像其他鳥兒那樣遷徙。牠們不太害怕人類，雖然身為野生鳥類，卻總像一個不留意就會跑來站上人的手。牠們也以在神社抽神籤的鳥而聞名。

容易混淆的野鳥

【黃尾鴝的雄鳥】

顏色雖然不同，整體氣質卻很相近，遠看容易搞錯。詳情請參照P018的黃尾鴝篇章。

如同所見，雜色山雀會輕巧地站在枝枒上頭，完全就像隻布偶。可愛到讓人忍不住想按下快門。

EURASIAN TREE SPARROW

Passer montanus

麻雀

雀形目文鳥科

常見程度 ◆◆◆

大小：全長15cm
可見季節：全年
可見場所：住宅區、民宅周邊、公園、草地
電線、田地、枝頭、地面
鳴叫聲：「啾啾」、「吱吱吱」
鳴叫聲諧音：無

孩子們最為親近的野鳥

麻雀是少數就連小朋友
也能對上長相和名字的野鳥。

在日本，麻雀不僅會在著名的民間故事中登場，還有名為
「看麥娘（雀の鉄砲）」、「早熟禾（雀の帷子）」等雜草，
以及日本諺語「麻雀眼淚」（意指量少、微乎其微）等等，
在農作興盛的從前，麻雀是那般貼近人們的生活，
甚至還成為了意指「小」的代名詞。

當孩子在公園吃著麵包，麻雀總會歪著頭啾啾叫著，
毫無防備地走來孩子的腳邊。
就算對小朋友而言，
那個模樣也實在可愛，令人想好好呵護。

最受歡迎的野鳥，扮演衡量基準的鳥

在野鳥的世界裡，有一些用以表示基本尺寸的標準鳥類，麻雀便是其中之一。當我們想用「〇〇大小」來描述約莫的尺寸時，總會說麻雀大小、鴿子大小、烏鴉大小，於此之中，麻雀自然就是尺寸最小的鳥了。麻雀雖是野鳥，卻未生活在大自然中。麻雀可說是透過與人類共存，採取生活在人類周遭的戰略，而成功繁盛的族類。麻雀只需啄食人類農作物的殘屑，或捕捉山邊聚落大量存在的昆蟲等，就不必為食物發愁。麻雀有時也會在民房的屋簷、牆壁縫隙、電線桿、鐵管等處築巢。即使如此，也不太會影響到人類，因此很少被視為討厭鬼或遭到驅趕。麻雀待在人類身旁，反而不會被貓頭鷹、老鷹等外敵所侵襲，可說是更加安全。人類出現時，麻雀也不太會逃開，因而給人一種親人的印象。

麻雀就連育幼都離人類相當近。因此我們或許有機會可以看見麻雀的蛋和雛鳥。牠們有時也會在樹洞中築巢

麻雀做沙浴的模樣相當可愛。看起來像在玩耍，其實是為了去除附著在身體上的寄生蟲等

麻雀意外地很難畫？

若問「你知道麻雀嗎？」相信任誰都會回答「我知道！」但若想試著用畫筆勾勒麻雀……卻總是難以想起牠們的模樣。頭部帽子狀的部分還算畫得出來，不過成品卻完全不像。試著畫畫看吧。

容易混淆的野鳥

【山麻雀】

差異包括體型比麻雀稍小一些，身形纖細，顏色偏紅，頰上無黑斑。不同於麻雀，山麻雀不太會靠近民宅，而是居住在樹林、河灘等處。

【右中】麻雀的雛幼，體毛蓬亂。麻雀有時會在民房築巢，因此地面上或許也有雛鳥【左上】麻雀會聚在一起調整體溫、確保安全

Barn Swallow

Hirundo rustica

與鳥兒等比例的橡實大約這麼大

家燕

雀形目燕科

常見程度 ◆◆◇

大小：全長17cm
可見季節：春至秋
可見場所：市區、公園、住宅和商店等處的屋簷下
開闊的場所、道路上
鳴叫聲：「啾嗶！」、「啾嗶啾嗶嘰—」
鳴叫聲諧音：「地球地球、地球儀」

夫婦協力育兒的幸福代言人

沒有哪一種鳥比得上家燕，更為人類所愛。
當家燕在房屋的簷上築巢，
人們總會設法防止雛鳥墜落，
甚至會說，家燕將為這家人捎來幸運。
此外，家燕也會幫忙吃掉對農作物有害的昆蟲，
因此對農家等處而言，
也是一種很有幫助的益鳥。
在喜慶場合所會穿的「燕尾服」，概念同樣源自家燕。
家燕確實是走遍全世界，傳遞著福氣的鳥。

少數能從飛行姿態認出來的鳥類

飛行在天空中的鳥兒，如果像翠鳥等擁有華麗的色澤，倒可另當別論；如果顏色樸素，飛行速度又很快，哪怕是專家，也很難一眼就判斷出是什麼鳥。然而若是家燕，無論是誰必定都能說出「啊，是家燕」。這是因為家燕飛行時的身影極富特色。那成為燕尾服參考原型的尾羽，切出一道深V，不需振翅就能咻地迅速飛行。家燕是非常擅長飛翔的鳥類，速度竟可高達時速200km！牠們能夠唰一聲衝進屋簷下，也有本事急速轉向，在躲開牆壁後輕盈降落等，相當自由自在。人們都說「燕子低飛會下雨」，據說這是因為當空氣中的水分增加，家燕會食用的昆蟲就不太會飛起，因此家燕會飛在很靠近地面的高度覓食。為了育幼而從東南亞等處飛來到日本的家燕，是行遍全球的益鳥代表。

家燕常會在民房養育後代，但卻未因此使用人造物品來構築鳥巢。家燕夫婦會將枯草和泥巴含在口中，花費長達數日的時間築巢

家燕會邊飛邊吃昆蟲，因此會輕快地貼著地面飛行。據說雄鳥尾羽越長，就會越受雌鳥歡迎

為何選在民房築巢？

家燕之所以常在民房照養後代，是為了避免蛋和雛鳥遭到烏鴉等生物的襲擊，屬於一種生存智慧。順帶一提，中華料理的高級食材「燕窩」，跟家燕的巢是全然不同的類型。

容易混淆的野鳥

【毛腳燕】

一般的家燕從額頭到喉嚨處呈紅色。毛腳燕不帶紅色，僅有少許的黑與白，身形也較小。飛行方式與家燕幾乎相同，飛在上空時相當難以分辨。

【右上】像家燕這麼小隻，卻不必連續振翅就能飛行的鳥類實在不多。有些家燕在冬季時會遠渡至臺灣、澳洲北部、馬來半島過冬
【左下】家燕雖然很會飛行，卻不太擅長站在細小的樹枝上

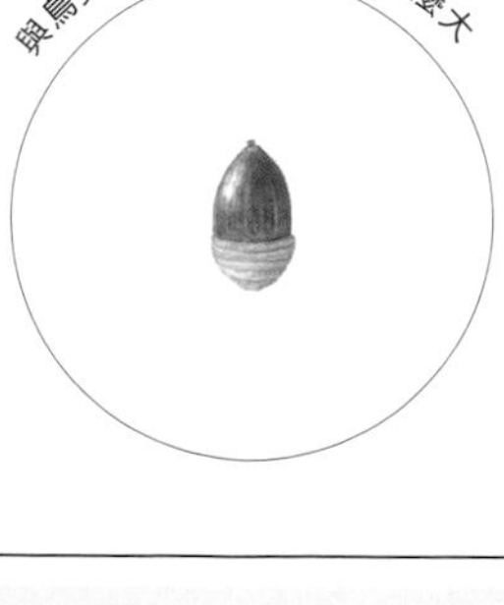

ORIENTAL TURTLE DOVE

Streptopelia orientalis

金背鳩

鴿型目鳩鴿科

常見程度 ◆◆◆

大小：全長33cm
可見季節：全年
可見場所：市區、公園、路樹
民宅、枝頭、地面
鳴叫聲：「嗲嗲！啵！啵－」
鳴叫聲諧音：「爹爹抱抱」、「鐵砲鐵砲」、
「Google」

會用口中的「鴿乳」餵食雛幼

日本自古即有金背鳩，別稱「山鳩」。

每到暑假的早上，相信任誰都曾聽過那「嗲嗲！啵！啵－、嗲嗲！啵！啵！啵－」的獨特叫聲。

鴿子常被稱為和平的象徵，牠們確實性格憨厚，夫婦會齊心養育後代。

之所以能夠每年繁殖好幾次，是因為牠們會分泌鴿乳來餵食雛鳥。

具備全年皆可育兒的特殊能力

大多數鳥類都只有在食物豐饒的時期才能養育下一代，因此會在春季啁啾求偶、初夏時繁殖。然而金背鳩卻擁有分泌「鴿乳」這項特殊能力，因此每年得以數度繁殖、生養後代。金背鳩基本上喜愛果實類，但也會吃蟲，還會食用人類的剩食等，屬於雜食性。當山中的食物不足，牠們就會來到市區，幾乎什麼都願意吃。親鳥們所吃下的食物，會在體內轉換成營養，在口中形成營養滿滿、如乳一般的分泌物，隨時都能餵給雛鳥吃。不僅如此，就連雄鳥也能分泌鴿乳，因此夫婦可以輪流為雛鳥供給營養。金背鳩的羽毛相當美麗，由於長相酷似雉的雌鳥，因此在日語中稱為「雉鳩」。牠們會找尋合用的樹木築巢，有時也會來到庭院中。喜愛枝葉錯綜交織的場所。

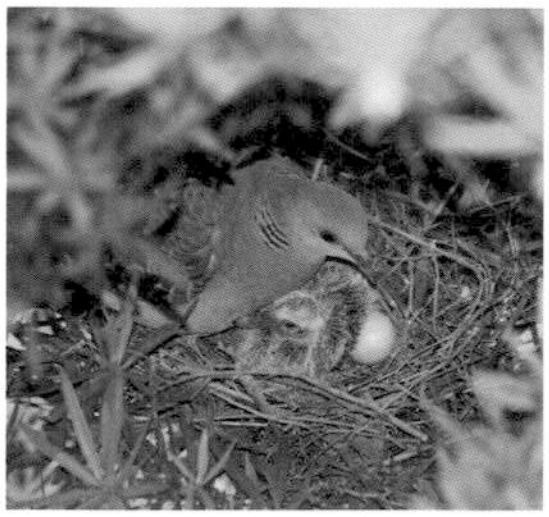

金背鳩每年可以數度生養後代，因此不需遷徙等，可以在同一地點不慌不忙地育幼

金背鳩會在樹葉茂盛生長的樹枝交會處，纏繞小枝枒等製成鳥巢。築巢當然也是夫婦合力進行

夫婦和睦

有句話叫「鶼鰈情深」，金背鳩夫婦的好感情同樣不輸人。牠們在婚後常會一起行動，同心協力養育後代。求愛時雄鳥會上下擺動頭部，在靠近雌鳥時一邊發出「咕咕嚕咕咕嚕」的叫聲。這種求愛方式也相當溫和。

容易混淆的野鳥

【野鴿】

會出現在公園，啄食麵包等的鴿子，大致上都是野鴿。類型相當多元，相互混雜。金背鳩身穿灰和茶的混合色，頸部有數條斑紋。頸部呈青紫色的則是野鴿。牠們是逃跑後野生化的傳書鴿。

【右中】金背鳩的雛鳥。外觀簡直像是別種鳥兒【右下】飛累了休息時、築巢時，都會待在這種擁擠的樹枝間隙

BULL-HEADED SHRIKE

Lanius bucephalus

與鳥兒等比例的橡實大約這麼大

紅頭伯勞

雀形目伯勞科

常見程度 ◆◇◇

擁有百鳥之聲，小小的肉食獵人

雀形目鳥類的體長約莫僅有20㎝，但紅頭伯勞可是小小獵人，除了食用昆蟲外，包括兩生類、爬蟲類，有時甚至會捕捉鳥類。不僅如此，牠們時而會將捕獲的食物插上小樹枝、帶刺鐵絲等處，當成「供品」。秋季時會在視野良好的高處高聲鳴叫，藉以宣示主權，是相當強勢的獵食者。

大小：全長20㎝
可見季節：全年
可見場所：市區、公園、河濱地
樹頂或高處、突出物上
鳴叫聲：「cue cue」、「嘰喊嘰喊嘰喊」、「奇—奇—」
鳴叫聲諧音：無

俗名「百舌」，能夠模仿各種鳥兒的鳴聲

紅頭伯勞是特色十足的一種野鳥。那銳利尖凸的嘴喙，前端如鑰匙般彎曲，是鎖定獵物時的襲擊武器。牠們屬肉食性，會捕食昆蟲、青蛙、蜈蚣、蚯蚓、蜥蜴、老鼠，以及金翅雀等的小鳥和雛幼等。有時甚至還會捕捉跟自己體型相當的鳥類，相當驚人。那大得不成比例的頭部，啃咬力道相當強勁，可以用嘴給獵物致命一擊，將肉撕下。從人類的角度來看，紅頭伯勞有顆大頭，姿態凜然，反倒顯得相當可愛，但對其他鳥類而言，牠們卻是潛伏在身旁的可畏敵人。假如對手是大型的鷹鷲類，鳥兒們還可以逃進草叢中求生，但紅頭伯勞卻連在草叢中都會出沒。到了秋天，紅頭伯勞會站在高處的頂端，發出異於平時的高聲鳴叫「啾耶啾耶啾耶！」那是一種「我要單獨生存下去」的宣言。正如其俗名「百舌」，紅頭伯勞可發出相當多種鳴叫聲。牠們非常擅長模仿，會學習其他高音調的鳥鳴聲，模擬較有特色的抑揚頓挫。

如此嬌小的身體，竟然會襲擊其他鳥類，實在令人難以置信。這小小的肉食獵人會停佇在高處，專心尋找獵物

在鎖定獵物時，尾羽會不斷繞圈，簡直就像貓一樣

小小的殺手

被插在枝頭等尖銳物體上頭當「供品」的蟲子、青蛙等，正是紅頭伯勞的傑作。關於此習性諸說紛紜，有人認為這是因為牠們的腳不太靈活，為了方便食用才會插起來吃，吃剩的就成了這所謂的「供品」。

容易混淆的野鳥

【紅尾伯勞】

隨著視野遼闊的草原減少等環境變化，紅尾伯勞如今已有滅絕之虞。實際遇見的機率應該很低，但牠們的外觀酷似紅頭伯勞，難以區分。

【左上】乍看之下就像嬌弱的小鳥。牠們會靈活運用這小小的身體，鎖定各種類型的獵物。先站在高處監視，再飛下來捕獵

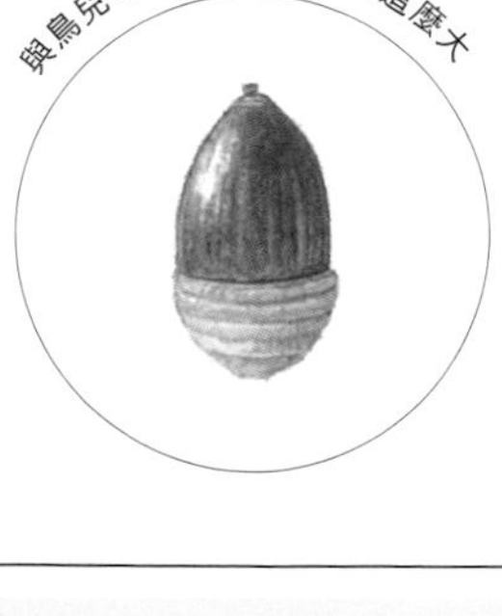

Japanese Pygmy Woodpecker

Dendrocopos kizuki

小星頭啄木

鴷形目啄木鳥科

常見程度 ◆◆◇

大小：全長15㎝（麻雀大小）
可見季節：全年
可見場所：公園、路樹、住宅區的老樹
樹幹、樹枝
鳴叫聲：「嘰—嘰—」、「喊！喊！喊！」
鳴叫聲諧音：無

如麻雀一般大，日本最小的啄木鳥

「Japanese Pygmy Woodpecker」，
從英文名便可看出，
這是一種在日本隨處可見、
最平易近人、最小隻的啄木鳥。
牠們會將腳爪緊緊勾在樹幹上，
孜孜不倦地垂直啄敲，那模樣實在相當迷人。
小星頭啄木是令人嚮往、期待一窺面貌的鳥兒。

在市區勤勉工作的小小木匠

一般而言，「啄木鳥」是最家喻戶曉的稱號。然而實際上並沒有哪一種鳥叫做啄木鳥，啄木鳥是用來指涉這整個類別的稱呼。大家心裡所會想像，那頭戴著紅色帽子的啄木鳥，是大斑啄木。想邂逅大斑啄木必須前往山中；而小星頭啄木，則是在市區就能輕鬆遇見的可愛啄木鳥。說來或許令人意外，牠們有時還會混進麻雀之中，飛到公園一帶。小星頭啄木身體雖小，卻擁有巨大的腳，腳趾分開，可以輕巧地垂直停留在樹幹之上。此外牠們也會拿堅硬的尾羽來支撐身體，在樹幹上挖洞。這可能是在尋找食物，也可能是在築巢。那以嘴喙勤勉敲打樹幹的聲響稱為敲擊聲（drumming），小星頭啄木是每秒能敲打多達約15次的敲擊名將。除了腳力強勁外，脖子想必也是強壯不已。有時會聽見如門扉磨擦般的「嘰—！」聲，那就是小星頭啄木的鳴叫聲。

小星頭啄木喜歡吃蟲。在老樹、逐漸枯朽的樹木和果實當中，都有美味大餐等待挖掘

當小星頭啄木跑來庭院中，開始勤勞啄著樹木，可先別太開心。那代表這棵樹已經開始枯朽腐爛了

刻意採取辛苦的姿勢

小星頭啄木在築巢時，比起直挺挺的樹幹，更常在傾斜的樹幹上打洞。有些人或許會覺得，站到另一側去不是更好挖洞嗎？那是因為若在另一側挖洞，雨水會進到鳥巢之中，蛋也會因此失溫。

容易混淆的野鳥

【大斑啄木】

一般大眾所想像的啄木鳥，就是大斑啄木。大斑啄木的身形比小星頭啄木還要大，頭部有大片紅色，因此可以馬上看出差異。

【左上】一般在尋找鳥兒時，大多都會查看樹上、枝枒或地面，而啄木鳥則是罕見會停在樹幹上的類型。有時想尋找獨角仙，反而會意外遇見小星頭啄木

BROWN HAWK-OWL

Ninox scutulata

褐鷹鴞

鴟形目鴟鴞科

常見程度 ◆◇◇

大小：全長29㎝（鴿子大小）
可見季節：初夏至初秋
可見場所：市區、公園、神社、寺院樹林
有樹洞的樹、半夜
鳴叫聲：「火！火！」、「火—火—」
鳴叫聲諧音：無

會從有樹洞的大樹觀察人類

貓頭鷹總被尊為「森林智者」、「森林哲學家」。
或許因為這樣的形象，
人們容易認為貓頭鷹只會待在森林深處，
就算身在人類附近，也絕不會洩漏半點蹤跡。
不過褐鷹鴞卻是有可能在市區遇見的一種貓頭鷹。
有森林包圍的公園、神社境內等處，
如果能遇見正一動也不動盯著你看的褐鷹鴞，
總覺得會發生什麼好事。

炯炯眼力好驚人！貓頭鷹的同伴

褐鷹鴞是中型的貓頭鷹類。最令人印象深刻的地方，無非就是那目光炯炯的黃色圓眼。牠們鮮少飛行，比起一個勁地胡亂尋找，反倒是夏季時前往寺院樹林時經常碰見。所謂寺院樹林，是指位於神社附屬參拜道路及參拜處的外圍處，由人工養護的森林，別稱「鎮守之森」。如果想碰見褐鷹鴞，就很建議前往這類寺院樹林。當聽見了「火ー火ー」的叫聲，就去尋找有樹洞的大型樹木，抬頭看看。幼鳥會「哩哩哩哩…」地鳴叫。褐鷹鴞是夏候鳥，會在樹葉轉綠的時刻遠渡而來，因此在日語中叫做「青葉木菟」（字面意為「在青葉茂盛時前來的貓頭鷹」）。到了秋天，牠們就會再度回到南國。褐鷹鴞屬夜行性，食物包括獨角仙等大型甲蟲、聚集在街燈附近的蛾、小鳥、蝙蝠、老鼠等。其所無法消化的東西會排出來，稱為「食繭」（pellet）。循著食繭的痕跡，在附近的樹木旁散散步吧。如果模仿叫聲，有時牠們還會靠過來。

褐鷹鴞的雛鳥。體毛蓬蓬亂亂的，一眼就能看出是雛鳥。更小的時候會住在樹洞裡，閉門不出

褐鷹鴞會靜靜飛行，迅速地捕捉獵物。牠們會一邊飛著，用銳利的爪子抓住獵物後就不再放開，是鳥界出了名的獵人

神木的樹洞

據說在日本原住民阿伊努族語中，褐鷹鴞意為「居於黃泉之物」。或許褐鷹鴞對過去的阿伊努人而言，正是那般地神聖且令人畏懼。褐鷹鴞喜愛巨樹上的樹洞，因此若神社等處有神木等，不妨試著尋找牠們的蹤跡。

容易混淆的野鳥

【長尾林鴞】

跟褐鷹鴞住在相同環境的貓頭鷹類並不多，而之中最有可能碰見的，就是鴞形目鴟鴞科的「長尾林鴞」。牠們過去曾是相當常見的鳥，近年數量正在急速減少。

【右上】到了夜裡若看見這般炯炯的黃色眼珠在樹上發光，的確相當恐怖。繼長尾林鴞，褐鷹鴞的數量也正因人類破壞環境而不斷減少。希望大家能好好珍惜並保留巨樹

與鳥兒等比例的橡實大約這麼大

WHITE-CHEEKED STARLING

Sturnus cineraceus

灰椋鳥

雀形目椋鳥科

常見程度 ◆◆◆

大小：全長24㎝
可見季節：全年
可見場所：市區、公園、民宅、車站前的路樹
電線桿、草皮
鳴叫聲：「啫—啫—」、「啾嚕啾嚕」
鳴叫聲諧音：無

成群出現的討厭鬼

灰椋鳥是野鳥界的反派角色，說不定還比烏鴉更惹人厭。

牠們會聚在一塊，在人來人往的街道或車站前等處占領路樹，用混濁的大嗓門喊著「啫—啫—啫—」、「啾嚕啾嚕」，實在吵雜至極。

除了發出噪音之外，牠們也會結群守護鳥巢，因此糞害也是一大問題。

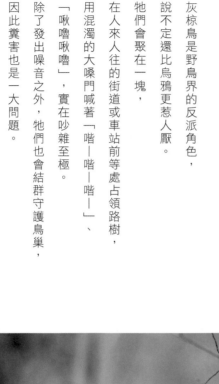

其實是日本自古即有的野鳥

在灰椋鳥的黑毛之下，可以看見星星點點的稀疏灰毛，在視覺上感覺有點髒。不知為何，又只有嘴喙和腳是黃色的，整體比例並不好看。不僅如此，牠們還會大剌剌地在人類身旁走來走去，一面「嘎—嘎—」鳴叫著，成群擠滿路樹。在牠們身上，也找不到烏鴉那般的才智。灰椋鳥沒有半樣好事可講，足見牠們有多麼受到人類的百般厭惡。灰椋鳥的行徑很惹人厭，總會以為可能是來自外國的外來種，然而牠們卻是日本自古就有的鳥兒。在江戶時代，大眾似乎曾用灰椋鳥來比喻出外打拚的鄉下人——土裡土氣，滿嘴聽不懂的鄉下方言，總是喋喋不休。順帶一提，灰椋鳥有時一聚首便可多達上萬隻。牠們也會在空中群集，以魚類而言就像沙丁魚群那般。

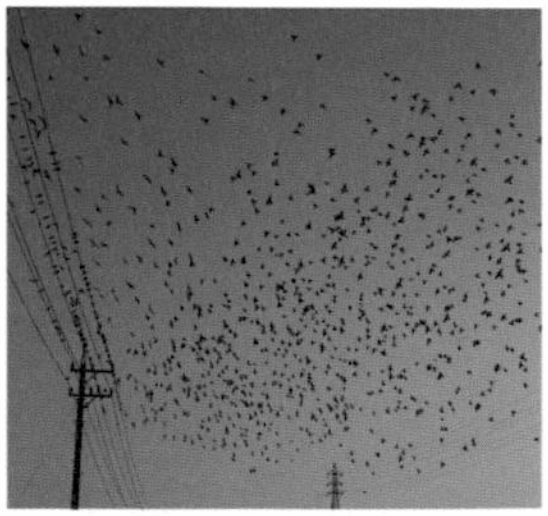

在傍晚或夜裡看見結群行動的灰椋鳥時，不少人都會誤以為是蝙蝠

如果在電線桿、路樹、橋梁附近等處，發現結群「嘎－嘎－」喧鬧的吵雜鳥類，那就是灰椋鳥

可以當比例尺的鳥

灰椋鳥的大小介於麻雀和鴿子之間，是可以用來表達尺寸的參考鳥種。這也是牠們相當大眾化的一個證據。不過一般人就算聽見「灰椋鳥大小」，恐怕也搞不懂是多大吧⋯⋯。

容易混淆的野鳥

【無】

灰椋鳥在某種程度上相當獨一無二。雖然也有小椋鳥這種名稱類似的椋鳥類，但其色調相當華麗，應該不太可能搞錯。硬要說起來，烏灰鶇（下圖）乍看之下倒有幾分神似。但由於灰椋鳥會集體行動，跟單獨行動的烏灰鶇還是不一樣。

【左上】灰椋鳥喜食糙葉樹（日語名為「椋木」）的果實，因而得名。牠們會集體行動以確保安全，躲開烏鴉、鳶、貓等動物的襲擊

NARCISSUS FLYCATCHER

Ficedula narcissina

黃眉黃鶲

雀形目鶲科

常見程度 ◆◆◇

大小：全長14㎝（麻雀大小）
可見季節：春至秋
可見場所：公園、樹木靠中央處的枝幹
空間充足的明亮樹林內、小河旁
鳴叫聲：「嗶哩哩！」、「嘁—啾呼咿」、
「嗶！叩囉囉—」、
「吱咕吱咕嘁—」
鳴叫聲諧音：「咕嘰咕嘰」

以嬌小身軀跨海旅行的夏候鳥

黃眉黃鶲有許多不可思議之處。
其身形明明如此之小，冬季時卻會橫渡大海，
旅行到遙遠的東南亞去。
此外牠們也很擅長「飛抓」，
可以邊飛行邊捕捉蟲子。
平時會發出近似於寒蟬的叫聲，
吵架時則會發出胡蜂似的「嗡嗡！」聲。
輕巧帥氣，身上有著橘與黑的色斑。
目光炯亮，不畏懼敵人，令人傾心。
簡直就像小小的勇者一般。

雄鳥華麗、雌鳥樸素，雙雙極具魅力

橘與黑的色斑可說是黃眉黃鶲的代名詞，但其實在雄鳥身上才會出現。雌鳥的長相有著令人驚訝的差異。在野鳥愛好者之間，華麗雄鳥派、樸素雌鳥派也各有一批粉絲。許多野鳥都會遷徙，而黃眉黃鶲是之中身形最小的鳥兒。這頂多手掌尺寸的小小鳥兒，竟能飛行遠達數千公里。在大海上並沒有落腳休息之處，試想牠們飛渡時的模樣，必定會深感佩服，如此嬌小的身體，竟然潛藏著那般強大的力量。平時要見到黃眉黃鶲是很困難的，但當進入9～10月前後的遷徙季節，就連在市區也能看見牠們。牠們的另一個特徵，是擅長運用各式各樣的鳴叫聲。除了一般「嗶哩哩！」的高聲鳴叫之外，有時也會如寒蟬一般，發出「喊ー啾呼咿、喊ー啾呼咿」的曲調。

黃眉黃鶲的雌鳥。全身皆是橄欖色。照顧幼鳥時會吃昆蟲，秋季時則會在樹枝間品嚐樹果等

黃眉黃鶲的雄鳥。底色是黑色，特徵是眼睛上方有黃色眉斑，胸口處呈橘色

沉溺於自身美貌？

「Narcissus Flycatcher」是黃眉黃鶲的英文名稱。在希臘神話中，納西瑟斯來到水邊飲水，卻看見水面上映著一個美少年，最後因看得太過入迷而在該處死去，這就是「自戀者」一詞的由來。黃眉黃鶲就是這麼美麗。

容易混淆的野鳥

【白腹琉璃的雌鳥】

日本並沒有跟黃眉黃鶲的雄鳥長得相似的鳥類。至於黃眉黃鶲的雌鳥，則跟白腹琉璃的雌鳥長得唯妙唯肖，連專家也難以區別。

【右上】黃眉黃鶲的雛鳥【左上】黃眉黃鶲的雌鳥【左中】黃眉黃鶲的雄鳥。輪廓雖然相同，天差地遠的色調，讓兩者看起來像是不同的鳥。雄鳥的橘色眉斑分明且上翹，令人印象深刻

RED-FLANKED BLUETAIL

Tarsiger cyanurus

藍尾鴝

雀形目鶲科

常見程度 ◆◇◇

大小：全長14㎝（麻雀大小）
可見季節：全年
可見場所：市區、公園
約與視線等高的矮樹
枝頭、地面、略微陰暗的場所
鳴叫聲：「嘻嚕哩嚕哩嚕—」
「嗶！嗶！嗶！」、「喀！喀！喀！」
鳴叫聲諧音：「是琉璃」

生活周遭可見的青鳥

碰見這種具有鮮豔琉璃色（深藍色）羽翼的小鳥，
任誰都會留步欣賞。
牠們經常佇留在約與人類視線等高的樹木上頭，
另外也很喜歡陰暗的場所，
那份美麗因而更顯璀璨。
在鶲科鳥類之中也是尤受喜愛的類型。

叫聲「是琉璃」，彷彿在自我介紹？

青鳥是據說能夠帶來幸運的著名鳥兒。或許因為此故，就算是對野鳥不特別感興趣的人，在看見藍尾鴝時，也會「哇！」地發出驚呼。如同藍尾鴝這個名稱，牠們屬於鶲科，有著琉璃色。日本全境幾乎都是藍尾鴝的棲息範圍，夏季時會在高山的針葉林等處繁殖，冬季時則會下來到國內的公園或山邊聚落等低地來。想尋找藍尾鴝，冬天正是好時機。在茂盛的樹林裡，別尋找高於視線之處，看向視線以下，會有更高的機率找到牠們。藍尾鴝經常待在樹林的地面和低矮樹枝上。平時會發出「嗶！嗶！」的美妙短鳴，啁啾鳴唱時則會變化出複雜的叫聲「嘻嚕哩嚕哩嚕—」。那叫聲聽來宛如是在自我介紹「是琉璃」，相當有趣。帶著孩子向鳥兒打打招呼，順便說說自己的名字，應該會是很歡樂的遊戲。順帶一提，藍尾鴝只有雄鳥是琉璃色，顏色越是鮮豔，年紀就越大。雌鳥呈橄欖色，跟雄鳥一樣，在身體兩側可見一抹黃色。

藍尾鴝會以極快的速度食用昆蟲和植物果實等。由於捕食的昆蟲類都很靠近地面，藍尾鴝也會身在低處

藍尾鴝的雌鳥。顏色跟雄鳥天差地遠，僅僅在尾羽部分，可以窺見些微的琉璃色

攻擊自己！

鶲類具有強烈的地盤性，有時若在汽車後照鏡或道路反射鏡等處看見自己的倒影，就會以為是競爭者，而用嘴喙等拚命攻擊。

容易混淆的野鳥

【黃尾鴝的雌鳥】

黃尾鴝的雌鳥、藍尾鴝的雌鳥，從正面和側面看來幾乎沒有差別。唯一的線索是尾羽的顏色。黃尾鴝雌鳥的尾羽接近紅色。

【右上】身上的藍與黃，彷彿是以顏料畫成的。琉璃是佛教的七寶之一「青金石」，也被喻為地球的顏色。藍尾鴝站著的模樣實在惹人憐愛

JAPANESE WAXWING

Bombycilla japonica

與鳥兒等比例的橡實大約這麼大

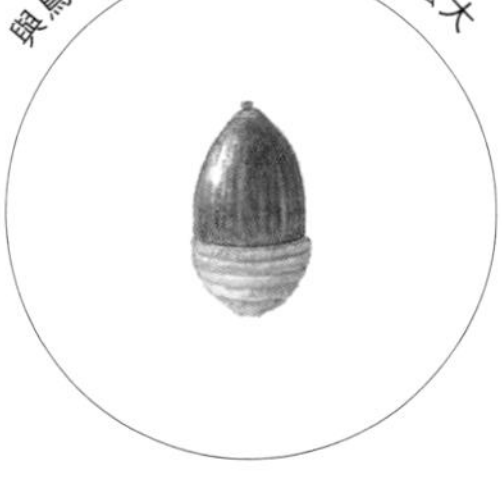

朱連雀

雀形目連雀科

常見程度 ◆◇◇

大小：全長18cm
可見季節：秋至春
可見場所：市區、公園、電線、枯樹樹梢、有槲寄生的地方
鳴叫聲：「嘁哩嘁哩哩」、「嘻—嘻—嘻—」
鳴叫聲諧音：無

以長冠羽和高嗓音為傲

這種搖滾的長相，使不少愛鳥人士都成了粉絲。如同其名「連雀」，這種鳥會成列飛行，那全體一同降落的模樣，簡直像是空中的巡邏隊。牠們會發出「嘁哩哩哩—」、「嘻哩哩哩—」等如蟲聲般的高聲鳴叫。

由於音調實在太高，據說某些超過60歲的人是聽不見的。若要從叫聲來尋找牠們，總是孩子們比較容易找到。同類的命名方式也都是「○○連雀」，很好記憶。

鳴叫聲有如昆蟲

朱連雀頭上的冠羽，就像一簇毛筆般威武高翹。眼睛附近和脖子呈黑色，眼旁和尾羽上則點綴著紅。那般長相實在帥氣，看起來相當強壯。喜歡看戰隊劇集的男生，就算要將朱連雀封為「隊員」，總覺得也很合理。朱連雀會集體行動，是從國外遷徙而來的冬候鳥。因此，看見時總會多達數十隻，沒看見時連半隻也找不到。在賞鳥人之間，總會彼此聊著「今年都沒看到耶」的話題。朱連雀的特色，無疑是那美妙的歌聲。其鳴叫聲彷彿高細的金屬音，很容易誤以為是蟲聲。牠們喜愛果實、樹果等甜食，整群鳥一轉眼間就能全數吃光。朱連雀尤其偏愛槲寄生的果實，吃完後會在樹上排出具黏性的鳥糞，使槲寄生的種子附著在樹上發芽。因此對槲寄生而言，朱連雀算是不可多得的好夥伴。想一窺朱連雀的倩影，先尋找槲寄生會事半功倍。

朱連雀也會食用槲寄生以外的樹果。大部分樹果的目的，都是為了讓野鳥食用，以利播種發芽

朱連雀總是成群行動，飛行方式和隊形都跟灰椋鳥很類似。經常整群停在樹上

當朱連雀造訪飼料台……

若朱連雀跑來飼料台吃東西，那可真是一場災難。牠們會整群一齊到來，而且還是大胃王。就連蘋果等也能在轉眼間吃個精光。被這樣一吃，其他鳥根本也就沒辦法來了。設置在住宅區的飼料台，實在希望朱連雀不要來訪。

容易混淆的野鳥

【黃連雀】

外觀幾乎如出一轍，唯獨身形較大一些，尾羽和翅膀上點綴著黃色。叫聲、習性等都近乎相同。

【左下】朱連雀的英文名稱是Japanese Waxwing。連雀即是Waxwing，指彷彿上了蠟的羽毛。相較於黃連雀，朱連雀不稱「紅」連雀，而採用了自古即有的傳統顏色「朱」，這一點也相當帥氣

ORIENTAL GREENFINCH

Chloris sinica

金翅雀

雀形目燕雀科

常見程度 ◆◆◇

大小：全長15cm（麻雀大小）
可見季節：全年
可見場所：河灘、樹上、電線、草地、公園
路樹、空地、地面
鳴叫聲：「嘰哩哩哩」、「叩囉叩囉」、
「啾喑」
鳴叫聲諧音：「久音」

全年隨處可見的小小歌姬

當我們聽見如金絲雀般婉轉的歌聲，
那很有可能就是金翅雀。
如同其日語名稱「河原鶸」，在河灘等處經常可見。
牠們會輕盈停佇在一枝細穗上頭，
輕輕跳著，啄食落到地面上的花草種子等。
遠看彷彿是麻雀，
但那翅膀和尾羽中，卻可窺見一抹搶眼的鮮豔黃色。

喜歡視野遼闊的開放場所

金翅雀明明全年都會出現在公園、河攤、農地等具有綠意的寬闊場所，卻意外是鮮為人知的代表鳥種。由於其長相近似麻雀，不少人就算真的碰見，也會誤以為是麻雀。到割完稻子的田地、長著蘆葦的河濱等處，相信都能看見金翅雀成群啄食著種子。牠們會以傾斜升降的方式飛行，在地面上則會飛跳著行走。喜愛禾本科的種子，跟麻雀一樣不算膽小，能輕易地遠望觀察。若憑著外觀尋找，其黃色的羽毛是一大重點，但嗓音也蔚具特色。如果在秋季的河灘上聽見「嘰哩嘰哩、叩囉叩囉」的清澈叫聲，不妨放輕動作四下張望。那銀鈴般的歌聲，乍聽之下幾乎會誤認為蟲聲。鳥店裡所販售的金絲雀，也是金翅雀的同類。金翅雀會在大自然中發出金絲雀般的美妙歌聲，希望牠們務必能來家中的庭院裡玩耍。

還以為是一群麻雀……結果竟然有金翅雀偷偷混在裡頭

金翅雀跟麻雀很像，喜歡洗澡。在淺水窪等處，也可看見牠們入浴的身影

吸引到庭院中欣賞

金翅雀的食物是花草的種子，只要在庭院中擺放葵花子等，就有可能吸引牠們前來。不過牠們不太會棲息在大都會的高樓群中，在稍有綠地的場所、公園等附近，比較有機會等到牠們出現。

容易混淆的野鳥

【黃雀】

黃雀的輪廓、飛行姿態等都跟金翅雀神似，但胸前的黃色面積較大，全身都帶有黃色。叫聲類似「啾嚕啾嚕」、「啾ー唶」，不太會發出「叩囉叩囉」的叫聲。

【右下】金翅雀的主食是花草的種子。河灘上長有許多天然的雜草，不論怎麼吃都不會被人類驅趕。金翅雀的羽毛在水泥物體上相當醒目，站在花草上時則不太顯眼

AZURE-WINGED MAGPIE

Cyanopica cyana

與鳥兒等比例的橡實大約這麼大

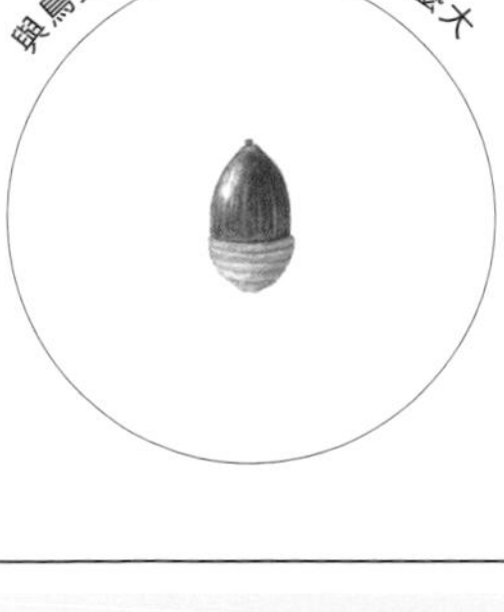

灰喜鵲

雀形目鴉科

常見程度 ◆◆◇

大小：全長37㎝
可見季節：全年
可見場所：主要在東日本的市區、公園民房旁、樹上
鳴叫聲：「歸歸歸」、「啾耶—！」、「啫—」「噼優—咿噼優—咿」
鳴叫聲諧音：「歸矣」

長相如此，其實是烏鴉的同類

灰喜鵲的舉止很輕巧。
黑色帽子深戴至眼部，長尾巴是美麗的淡藍色。
全身上下散發著高雅氣質的灰喜鵲，
不必懷疑，正是烏鴉的同類。
跟長相完全不搭的「啾耶—！」叫聲，
同樣也很驚人。
其分布狀況相當成謎，
不知為何幾乎不會在西日本出現。

尾巴長長，飛行時的模樣也很美。鳴叫聲宛如動物在吵架

在東日本地區，無論市區或公園，在各處都算很常碰見這種野鳥。灰喜鵲的特色是長長的藍尾巴，相信只要看過一次就能馬上認得。其飛行軌跡是如淺浪拍打般的美麗線條，翅膀開展時也很優雅。相對於這般高雅的長相，其鳴叫聲卻很沙啞，類似於「歸歸—」、「啾耶—！」其中落差實在驚人。灰喜鵲跟松鴉、喜鵲等都是烏鴉的同類。跟烏鴉一樣，牠們什麼都吃。蟲子和樹果自不待言，人類吃剩的麵包屑、水果，甚至連鳥蛋和雛鳥都會吃。牠們會停駐在樹上、屋頂等處，也和烏鴉一樣，擁有不太害怕人類的特性。其分布情形相當不可思議，在東日本的數量較多，而在西日本則是幾乎見不到、不為人所知。除了日本之外，牠們也僅棲息於亞洲的部分地區，而在距離超遠的葡萄牙、西班牙，同樣也只棲息在特定範圍內，在其他地區皆未有分布。

育幼也是集體進行。築巢和養育後代都會成群執行，不只親鳥會餵食，群體裡的其他鳥兒也會幫忙

灰喜鵲在市區中也經常可見，除了樹木之外，也不會害怕人造物體等。一群大約會聚集20隻

當灰喜鵲到了庭院來……

若灰喜鵲來到了家中庭院，會變得有些麻煩。牠們就跟烏鴉一樣什麼都吃，叫聲也非常宏亮。此外灰喜鵲還會捕食小鳥，若灰喜鵲盤據不去，其他野鳥有可能都不會來了。

容易混淆的野鳥

【無】

灰喜鵲擁有個性十足的色調和輪廓，因此想不到有什麼相似的鳥類。但在日語之中，灰喜鵲（オナガ，onaga）的名稱常常會跟銀喉長尾山雀（エナガ，enaga，P90）搞混。雖然長相完全不一樣……。

【上】灰喜鵲飛行時的輪廓真的很美麗，就像是展開了2支摺扇【右下】由於灰喜鵲是烏鴉的同類，有時會將吃剩的食物儲存在屋頂和大樓縫隙等處

與鳥兒等比例的橡實大約這麼大

LONG-TAILED TIT

Aegithalos caudatus

銀喉長尾山雀

雀形目長尾山雀科

常見程度 ◆◇◇

大小：全長14㎝（麻雀大小）
可見季節：全年
可見場所：有森林的神社、大型公園、矮樹林樹枝上、（倒吊在）樹枝下
會蒐集蜘蛛絲來築巢
鳴叫聲：「嘁—嘁—嘁—」、「啾嚕哩啾嚕哩」、「啾哩哩」
鳴叫聲諧音：「舊履歷」

宛如雪之妖精，空前絕後的可愛感

在野鳥愛好者之間，
銀喉長尾山雀是跟翠鳥、藍尾鴝、黃尾鴝齊名，
是坐擁眾多粉絲的偶像野鳥。
滴溜溜的瞳眸，柔軟絨毛般的圓圓身體。
看著如此人畜無害的生物，
在枝頭上方或（倒掛在）下方搖晃行走，
抑或飛起、抑或跳躍，
此景簡直如夢。
這是只要見過一次，就會為之心醉的迷人野鳥。

好過分……可愛的外表根本是犯規

看起來輕飄柔軟，圓滾滾如手掌大小。這是世上最像布娃娃的鳥兒。銀喉長尾山雀長相宛如雪之妖精，鳥巢也是用輕柔羽毛做成的。鳥巢外側以苔蘚、蜘蛛網等固定成圓形，內部則收集了許多羽毛，鋪成鬆軟的羽毛床。在街上和市區公園確實很少見，但在自然豐腴的近郊山區、遼闊的森林公園等處則有機會碰見。銀喉長尾山雀之所以看起來像布娃娃，想必是因為那小到不行的嘴喙。其他小鳥到了冬天也會變得圓滾滾、輕飄柔軟，卻沒有這麼小的嘴喙。這樣的嘴巴，連樹果都放不進去。此般櫻桃小嘴，究竟要如何進食呢？牠們會品嚐約1㎜前後的小小蝴蝶卵等，飲用積累在葉片上的水滴、吸食樹汁。其叫聲類似於「啾哩啾哩」、「喊—喊—」，徹頭徹尾可愛至極，是能將人類迷得神魂顛倒的野鳥。

銀喉長尾山雀會用這般小巧的身體拚命築巢，四處收集蜘蛛絲等

由於體重很輕，因此可以站上這種細小樹枝的尖端。另外也經常見到牠們倒吊在枝頭下方的光景

銀喉長尾山雀糰子

離巢後的雛鳥們站在枝頭上緊靠並列的模樣，被稱為「銀喉長尾山雀糰子」。多的時候約會有5、6隻靜靜地黏在一塊

容易混淆的野鳥

【無】

世上找不到有哪種輕飄軟綿的野鳥，能跟銀喉長尾山雀相像到搞混。倒是可能看錯成枝頭上的雪、卡在樹枝上的絨毛等

【全部照片】銀喉長尾山雀的亞種Aegithalos caudatus japonicus，日文名稱「島柄長」。僅棲息在北海道。頭上沒有黑色花紋，全身白，看起來更像布偶了！

與鳥兒等比例的橡實大約這麼大

COMMON CUCKOO

Cuculus canorus

大杜鵑

鵑形目杜鵑科

常見程度 ◆◇◇

大小：全長35㎝
可見季節：夏
可見場所：市區、公園、明亮的樹林、草原
高樹或突出物上等高處
鳴叫聲：「咖！叩—咖！叩—」、「啾！啾！」
鳴叫聲諧音：「布穀」、「郭公」

不可思議的習性：會在其他鳥的巢中產卵

大杜鵑相當著名的一點，
就是會在其他鳥兒的巢中產卵，
讓其他鳥幫忙養育自家小孩的「托卵」行為。
大杜鵑只會在別人巢中產下一顆蛋，
這顆蛋會比其他鳥更快孵化，
雛鳥一出生，馬上就會把其他蛋給踢出巢外，
以獨占親鳥所帶來的食物。
臨時親鳥會為比自己大隻的雛鳥辛勤地搬運食物，
據說就算在途中發現「好像不是自己的小孩」，
當雛鳥張嘴露出裡頭的紅色，
親鳥還是會本能地將食物放進去。

名號響叮噹，卻沒人見過廬山真面目

大杜鵑會托卵的對象，包括大葦鶯、伯勞、黑臉鵐、黑喉鴝、短翅樹鶯等。其中某些鳥的體型較大杜鵑小了許多，托卵一事照理說很快就會事跡敗露，很不可思議的是，大杜鵑的策略卻會一路順利。或許是因為這種托卵的習性，大杜鵑在人類心中的形象，完全就是「奸詐狡猾的壞傢伙」。仔細觀察，其眼神有些可怕，明顯就是鳥類中的反派角色。大杜鵑就跟短翅樹鶯一樣，是雖然盛名在外，卻沒人實際看過的鳥種代表。不僅如此，牠們的鳴叫聲也直接成為了綽號。在卡通裡頭，怪獸常常會重覆說著自己的名字，而大杜鵑（又稱布穀鳥）正是真實翻版。牠們會「布穀、布穀」地叫喚著自己的名字。順帶一提，其英文名稱「Cackoo」也是在描述牠們的叫聲。其叫聲就是如此容易留下印象、易於辨認。可能沒什麼人看過大杜鵑的模樣，而牠們在鳴叫之際，會垂著翅膀發聲。

大杜鵑的特色是會停留在枝頭，垂下翅膀，發出「布穀、布穀」的叫聲。體型意外地很大，約有35cm

為了不被托卵而拚命戰鬥防守的黑喉鴝（右）。大杜鵑會產卵在體型差距甚大的黑喉鴝巢內，讓黑喉鴝幫忙育兒

容易混淆的野鳥

【小杜鵑】
【喜馬拉雅中杜鵑】

如同短翅樹鶯，大杜鵑的長相跟數種鳥類都很神似，就連專家都很難馬上辨認出來。小杜鵑（上圖）的體型較大杜鵑小了一圈，叫聲上也有些許差異，聽起來有些匆匆忙忙，音近「不如歸去」。喜馬拉雅中杜鵑（下圖）腹部的橫線較大杜鵑粗，叫聲「啵啵ー」類似於鴿子。這兩種跟大杜鵑類似的鳥類，同樣都會托卵，小杜鵑主要會鎖定短翅樹鶯的巢，喜馬拉雅中杜鵑則主要將卵產在冠羽柳鶯的巢中。

【上】有不少人就算在市區看見大杜鵑，也會以為是鴿子。有時在露營場等處也能見到牠們的身影。腹部的斑紋很好辨別

JAPANESE GROSBEAK

Eophona personata

與鳥兒等比例的橡實大約這麼大

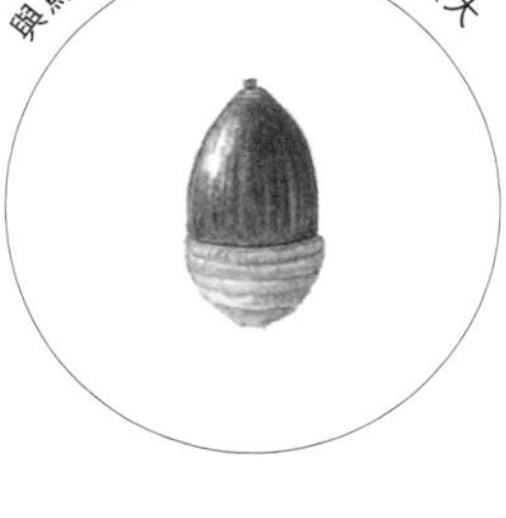

桑鳲

雀形目雀科

常見程度 ◆◆◇

長相個性十足，看過一次就不會忘

黃色嘴喙有點像是企鵝，
脖子粗粗，腹部凸出。
看見這種鳥停在枝頭上，總覺得有些不可思議。
那啤酒肚的輪廓，令人想到中年大叔。
身體包覆著濃密的毛，
看起來滑溜溜的。
實在是不可思議又謎樣的鳥兒。

大小：全長23㎝
可見季節：全年
可見場所：市區、住宅區、公園、草地
河灘、枝頭、地面
鳴叫聲：「嘁ー叩ー嘁ー」、「嘁叩嘁叩嘁ー」、「啾！啾！」
鳴叫聲諧音：「奇口奇口」

力道強勁的嘴喙，一咬果實馬上就知道！

桑鳲這顯眼的黃色嘴喙，可不只是裝裝樣子，就連堅硬的果實，都能「啪嘰！」一聲就咬開。簡直就像鉗子般，能以強勁力道弄破朴樹、山櫻花等的堅硬果實及穀物等。桑鳲經常停留在落葉樹和闊葉樹的枝頭上，會用嘴銜著果實等跑來跑去。到了冬天，有時會下山造訪街上的公園等處，也可能結群行動。此外，一般而言野鳥的啁啾鳴唱，都是雄鳥為了求偶所發出的特殊曲調，會在春季時聽見；但桑鳲的雌鳥哪怕正在孵蛋、抑或時值冬季，也都會啁啾鳴唱，這在研究者間仍然成謎。另外，桑鳲在飛行時會一邊「啾！啾！」鳴叫，飛行路線呈波浪狀，因此就算飛在空中，也能輕鬆認出是桑鳲。其在日語中有不少的鳴叫聲諧音（鳴叫聲的記憶方式），如「月日星」、「聽見好事了」、「可以吃這個嗎」、「菊二十四」等，都相當有特色。

桑鳲的特徵是嘴很堅韌，就連堅硬的果實都能毫不費力地咬開。擁有這種嘴喙的鳥都很擅長弄破果實

到了冬天，由於食物不足，桑鳲有時也會成群下山，來到市區的公園或廣場等處。想尋覓其身影，冬季是最好時機

還可以吸引牠們來到飼料台

一般而言，桑鳲並不是會頻繁造訪飼料台的鳥兒，但在冬天等食物較少的時期，還是有可能前來。喜歡的食物包括葵花子等。繁殖期間常會成對行動。

容易混淆的野鳥

【蠟嘴雀】

雖然顏色完全不同，整體的輪廓和感覺卻很相似。蠟嘴雀的身形較桑鳲小，嘴喙部分也不是黃色的，因此很好區分。

【下】桑鳲會集結成數隻～數十隻的群體一同行動，並在該群體中尋找對象，配成一對

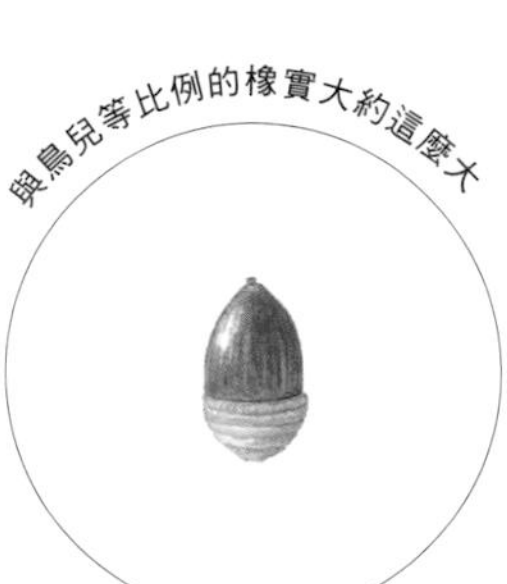

CHINESE BAMBOO PARTRIDGE

Bambusicola thoracicus

灰胸竹雞

雞形目雉科

常見程度 ♦♦◇

矮矮胖胖，不會飛的鳥

基本上，灰胸竹雞幾乎就像是雞。不過在日本，牠們其實是外來種，人們為了「食用」將之引進，最後野生化，在此落地生根。

其體型如同所見，豐滿肥厚，只在生死關頭才會飛。幾乎不會飛行。

因此，基本上要在地面找尋灰胸竹雞的蹤影。牠們逃跑的速度相當緩慢，所以喜歡藏身在草木茂密的場所或草叢中。會吃掉落的樹果或蚯蚓等。

大小：全長27㎝
可見季節：全年
可見場所：市區、公園、草地、河灘樹根、地面
鳴叫聲：「嗶——！嗶——！嗶唷——」、「啾！托叩咿」
鳴叫聲諧音：「巧的可以、巧的可以」

不見身影，卻經常可聞其聲

許多人都會覺得「沒看過這種鳥」，但出乎意料地，牠們經常在我們的周遭出沒。若聽見草叢傳來「巧的可以、巧的可以」，或許灰胸竹雞正藏身某處。春季是求偶時期，因此經常可以聽見這種富有特色的鳴叫聲。灰胸竹雞跟雞一樣，是相當不擅長飛行的鳥。由於無法透過飛行逃到遠處，因而喜歡待在草叢中、雜木林等視線不佳的場所，盡可能地躲避天敵。極少數時候也會爬到樹上，但此時也會爬得手忙腳亂，下來的時候則是噗通落下。此外連築巢都在地面，以鳥類而言非常罕見。牠們會刨開淺淺一層土，覆上枯草等當作偽裝。正因原本是為食用而引進日本的鳥，如今灰胸竹雞已經名列包含綠頭鴨、綠雉等在內的29種狩獵鳥類（按2018年之規範，僅擁有狩獵執照者可狩獵）之一。或許有些人會覺得牠們很可愛，不太想吃，其實味道非常美味。

灰胸竹雞的雛鳥。正如親鳥與雞相像，其幼雛也很像小雞。身上的斑紋從小時候就已經出現

如同所見，那極具特色的斑紋，很方便在草叢、枯草之中隱藏身影，具有迷彩服般的作用

雄鳥和雌鳥的差異？

兩者幾乎找不到差異，唯獨腳的部分可供區別。只有雄鳥才擁有尖銳的足距。平時主要居於地面，但在其他動物襲擊等危急時刻，也有辦法爬到樹上。

跟灰胸竹雞相似的鳥

【銅長尾雉的雌鳥】
【日本鵪鶉】

乍看之下感覺很類似。銅長尾雉（上圖）的雌鳥尾羽稍長，日本鵪鶉（下圖）則有著不同花色。

【上】從草叢中傳來了「巧的可以、巧的可以」的鳴叫聲。但灰胸竹雞相當謹慎，不太容易找到牠們的身影。如果聽見踩踏草葉的沙沙聲響，不妨偷看一下

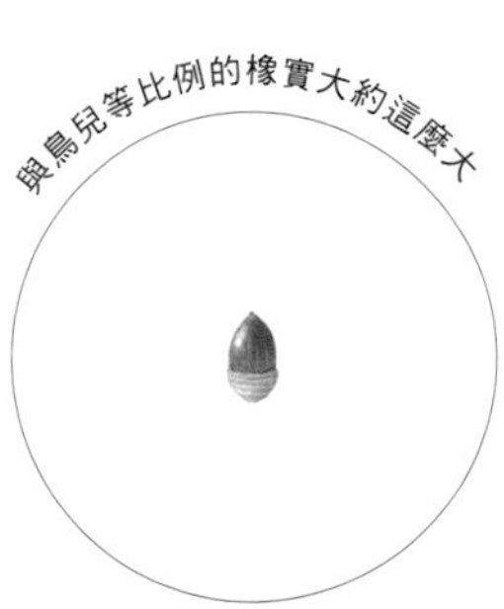

COMMON PHEASANT

Phasianus colchicus

環頸雉

雞形目雉科

常見程度 ◆◆◇

大小：雄鳥全長81cm、雌鳥全長58cm
可見季節：全年
可見場所：公園、明亮開放的樹林、草原
警戒潛伏時，有時還是會露出部分身體
鳴叫聲：「給」、「給—」
（繁殖期會以振翅聲求愛）
鳴叫聲諧音：無

因《桃太郎》而聞名，日本的國鳥

講起雉，必定會想起
桃太郎去打鬼時結伴同行的那隻鳥。
狗和猴子還算可以理解，
但鳥兒真的能夠幫忙打鬼嗎？
想必不少人都有過這樣的懷疑。
不過，繁殖時期的雉，其實相當兇暴。
牠們用嘴啄、用足距踢，
時而還會殺死大蛇。

為吸引雌鳥而穿上華麗衣裳

環頸雉的雄鳥就跟孔雀一樣，特徵是外表極度華麗。這樣的外表，就是讓人忍不住想要提筆描繪；不少知名的日本畫家都曾將之當成繪畫題材。自然界中大部分的生物，都會形成能夠融入環境的保護色，但也有一些生物，會刻意以華麗的色彩來吸引注意。其中一種原因，是為了宣示自己有毒，而刻意呈現彷彿帶有毒素的顏色；另外一種則是為了吸引雌鳥。環頸雉屬於第二種類型。雌鳥是方便在草叢中隱身的低調配色，相較於此，雄鳥卻頭戴冠羽，眼睛周圍一片大紅，頸上有著鮮豔的藍紫色，身穿一襲有著多種花紋的複雜羽色。華麗到令人想問……何必做到這種程度呢？環頸雉喜愛明亮的樹林和草原等開放場所，不擅長飛行。明明一被敵人發現，就會無法逃脫，牠們卻仍展示著那亮麗至極的姿態，一邊「給—給—」鳴叫。環頸雉有一夫多妻的特性，一隻雄鳥會擁有數隻雌鳥配偶。

環頸雉的雌鳥。身體雖然大，站在枯草叢等處，卻意外不甚顯眼。雌鳥的花紋就像虎斑貓

環頸雉的鳥巢位於草叢中。牠們會挖掘地面，平均產下約10顆蛋。蛋也會成為蛇和黃鼠狼等的目標

警戒時會趴下？

環頸雉一旦發現危險，就會迅速在草叢中伏低身體。但大部分的時候，那豔麗的頭部或尾部是無法完全藏住的。生氣的時候會突然衝刺猛撲。腳後跟上的刺非常尖銳。

容易混淆的野鳥

【銅長尾雉的雌鳥】

環頸雉的雌鳥跟銅長尾雉的雌鳥非常神似。如同雞和灰胸竹雞，兩者都是不擅長飛行的鳥類。或許因為如此，才比較有機會成為人類的食物。

【右上】高亢的鳴叫聲「給－！」宛如狗兒一般。雄鳥會迅速拍打翅膀，邊抖動邊發出「羽音」來吸引雌鳥

與鳥兒等比例的橡實大約這麼大

MEADOW BUNTING

Emberiza cioides

草鵐

雀形目鵐科

常見程度 ◆◆◇

大小：全長17cm（麻雀大小）
可見季節：全年
可見場所：市區、公園、河濱
樹木或電線桿等處的頂端、樹梢、地面
鳴叫聲：「啾！嗶啾嗶啾—」
「嘁嘁！嘁嘁嘁！」
鳴叫聲諧音：無

容易誤以為是麻雀

草鵐的臉頰部分是白色，因此在日語中稱為「頬白」。乍看之下很像麻雀。

就算有聽過草鵐這個名號，能夠正確辨認的人意外很少。

其實牠們是全年可見，近在身邊的鳥兒。

在日本，那獨特的鳴叫聲諧音相當著名，教孩子們辨認，相信孩子們會很開心。

春、秋季會在高高的草木頂端啁啾鳴唱

包括農地、河灘、樹林等，這種野鳥在所有地方都經常出現。在日本除了北海道以外的地區，皆是全年可見（在北海道是夏候鳥）。或許因為乍看之下感覺很像麻雀，相較於綠繡眼和白頰山雀等，人們較難發現牠們就在身邊。草鵐的特徵與其說是白色臉頰，不如說在於鳴叫聲。那小小的身體會站上草木或突出物等的頂端，看著上方啁啾鳴唱。大部分的鵐類都會發出「嘁！」的短鳴，草鵐則會反覆哼唱「嘁嘁嘁！」、「啾！嗶啾嗶啾—」等較長的曲調，聽起來彷彿正在訴說著什麼。在日語中，如「札幌拉麵味噌拉麵」、「敬啓者」等諧音都很有名，試著跟孩子一起玩諧音遊戲，問問孩子「牠們像在說什麼呀？」也很有趣。一般的鳥會在春天啁啾鳴唱，草鵐則是不僅春天，連在秋天時也會鳴唱。雄雌鳥幾乎沒有差異，唯獨雌鳥的臉頰和喉嚨並非全白，稍微偏黃。

草鵐的雌鳥。雄鳥整體而言呈紅褐色，雌鳥的顏色稍淡一些，偏黃

小鳥總會劃分居住區域，待在樹枝的部分以免過度顯眼，但草鵐卻會獨自站上樹木的高處鳴叫

從春天到秋天長期鳴唱

草鵐的外貌平實，容易覺得是沒什麼特色的鳥，但牠們卻會從春天一路啁啾鳴唱到秋初，是相當罕見的類型，他處難尋。在野鳥界屬於「怪咖」。

容易混淆的野鳥

【田鵐】

這種鳥的大小和遠看時的感覺都跟草鵐非常相似，但頭部並不相同。正如其日語名稱「頭高」那般，田鵐頭上的毛就像莫西干髮型般直直豎立。

【左上】草鵐的雌鳥。眉毛是白的【左下】從正面看草鵐……可見嘴喙處延伸出放射狀的線條

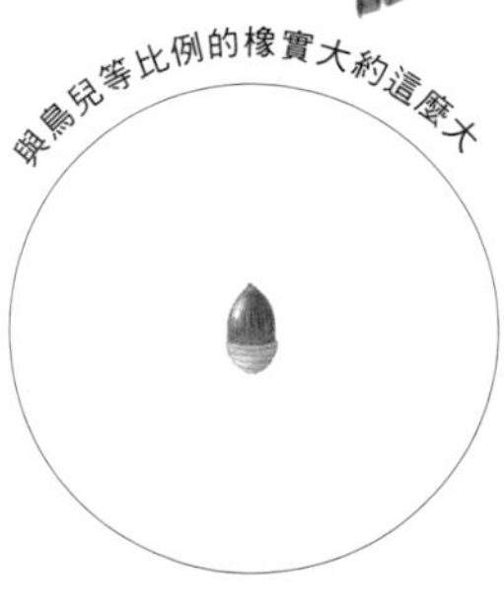

BLACK KITE

Milvus migrans

黑鳶

鷹形目鷲鷹科

常見程度 ◆◆◆

大小：雄鳥全長59㎝、雌鳥全長69㎝
翼展約160㎝
可見季節：全年
可見場所：市區、農耕地、樹木和突出物的頂端
在海岸等處的上空飛翔
也會出現在垃圾場
鳴叫聲：「嗶唷咿—唷囉囉囉囉」
鳴叫聲諧音：無

生活在我們周遭的猛禽類，老鷹的同類

在晴朗的白天仰望天際，
會發現黑鳶正展開寬闊的羽翼飛行。
這種鳥又稱老鷹，
是市區頻繁可見的猛禽類。
牠們也會鎖定麵包、飯糰等目標，
時而突然飛下。
身邊有小嬰兒或幼犬時，
要小心別被黑鳶抓走了。

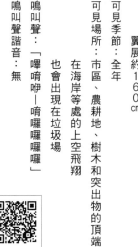

經常現身市區，街道的清道夫

日本有句俗諺「油豆腐皮被黑鳶搶走」，比喻到手的東西突然被人從旁奪走。誠然，這種狀況經常發生。去到日本的海水浴場、大樓的頂樓花園等處，也會看到「注意黑鳶」的告示牌。黑鳶是位居鳥類頂點的猛禽類，會在各種地方現身，無論是人類正在吃的食物、垃圾、動物、魚、屍肉，只要是能吃的東西，都會被牠們鎖定，用剛強的爪子一把攫走。那般力道實在強勁，如果是幼犬程度的尺寸，輕輕鬆鬆就能抓起，搬到高空帶走。雖說全體鳥類皆然，其中包含黑鳶在內的猛禽類眼力尤其優異。正如日語中的「鷹之眼」（指目光專注銳利）一詞，牠們經常觀察遠方，就連遙遠的物體都能看得清清楚楚。當然，牠們對其他鳥類而言，是足以威脅性命的強敵。在公園裡啄食著麵包屑的鴿子，如果突然群體飛起，就代表上空有黑鳶來了。

當黑鳶飛累了，會在高樹的頂端、突出物上等處休息。在遼闊範圍內全年可見

黑鳶會在高樹的枝頭上，疊放小樹枝以打造鳥巢。從蛋孵出來的雛鳥，大致上會接受親鳥餵食約60天，才會離巢自立

飛行時的模樣

看見黑鳶的時候，牠們大抵都在飛行，而且經常都是白天。牠們是不會拍打翅膀的鳥，會利用上升氣流繞圈飛翔。飛行時會一邊「嗶ー啃囉囉」地鳴叫，因此馬上就能發現牠們。

容易混淆的野鳥

【東方鵟】

東方鵟是比黑鳶小了一圈的老鷹。飛行時的模樣很類似，差異在於尾巴尖端的形狀。東方鵟等其他鷹鷲類的尾羽開展時呈扇形圓弧狀，黑鳶的尾羽則更像是在正中央處切開了V字形。

一說黑鳶的日語名稱「トビ」（tobi），是源自於「飛び」（tobi，飛行）一詞，每當看到牠們的身影，幾乎都是在飛行著。黑鳶在盤旋時會傾斜身體。此外建築業的師傅在日語中被稱為「黑鳶職」，因為他們會使用形狀很像黑鳶嘴喙的工具

CHINESE HWAMEI

Garrulax canorus

中國畫眉

雀形目噪眉科

常見程度 ◆◇◇

大小：全長25㎝前後
可見季節：全年
可見場所：公園、河灘、平地、枝頭草叢中、地面
鳴叫聲：「齁咿啵—齁咿啵—」、「嘻—呦咿呦—咿」、「啾囉囉！」
鳴叫聲諧音：無

喧嚷歌唱的討厭鬼

中國畫眉近來在日本是漸被視為問題的外來種。
牠們過去居於中國和東南亞，
後來被當成飼養鳥進口，
如今勢力已經延伸到日本各地。
其特徵是不論季節，全年都在鳴唱，
此外聲量很大，會「齁咿啵—齁咿啵—」地鳴叫。
牠們也會模仿日本樹鶯、烏灰鶇、
灰胸竹雞、黃眉黃鶲等著名鳥類的叫聲。

以激烈趨勢增長，擅長模仿叫聲的外來種

或許有人覺得，反正鳥兒會飛，就算是外來種也沒關係吧……但若不曾出現過的野鳥突然來到，原本居於該處的野鳥會被奪走住處。中國畫眉在1980年前後受到確認，正在日本擴張棲息區域。由於牠們的身形是棕耳鵯大小，諸如麻雀大小的小鳥根本無法與之競爭。此外，中國畫眉不分求愛等季節，一整年都會鳴唱，一言以蔽之，就是很吵。而其叫聲中還會參雜類似其他鳥類的鳴叫聲，這一點也很麻煩，由於叫聲過度複雜，有時其他鳥類會感到詭異而逃開。人類要是聽見一旁傳來從未聽過的聲音，相信也會感到警戒才是。中國畫眉的外觀給人全身蓬亂亂的感覺，嘴喙前端發黑，顯得有點髒。雄雌鳥的長相並無差異。不同於整體給人的不明確感，其眼睛周遭的白色眼圈反而像是用水彩描繪而成，相當明晰。中國畫眉屬雜食性，會在地上吃昆蟲和種子。

比起住在街道上，更喜愛樹林等有著大量樹木的地方。如果聽見不合乎季節的鳴唱聲，或許就是中國畫眉喔？

中國畫眉會降落到地上尋找食物，尋找掉落的種子等。或許因為生性並不膽小，尋找時會發出沙沙聲

如果中國畫眉在住家附近出現

在日本，目前南至沖繩，北至東北地區一帶，都有觀察到中國畫眉的蹤跡。如果牠們出現在家中庭院等處，請避免餵食，防止牠們繼續增加。

容易混淆的野鳥

【烏灰鶇】

中國畫眉並沒有跟哪種鳥神似，看過一次就能一眼認出。而叫聲則與烏灰鶇非常類似，雖然叫聲容易弄錯，但長相完全不一樣。

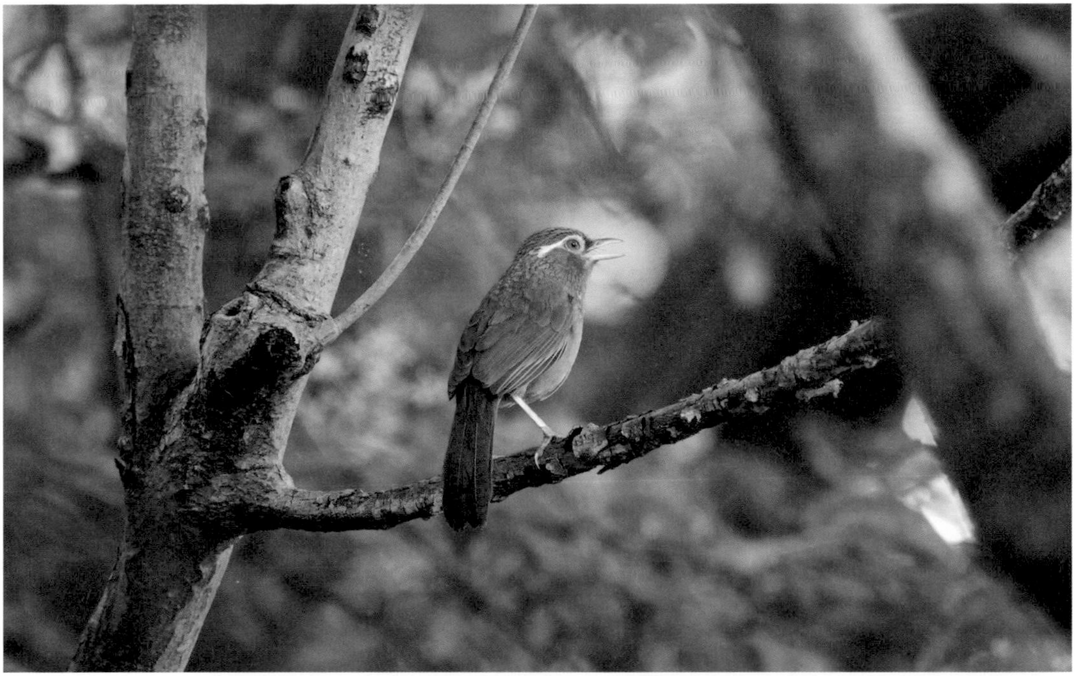

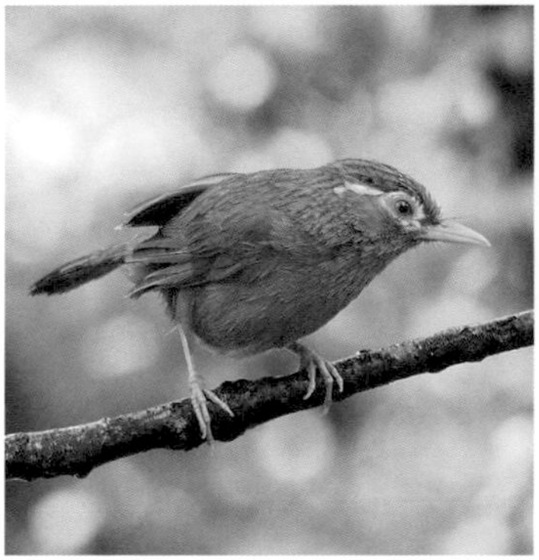

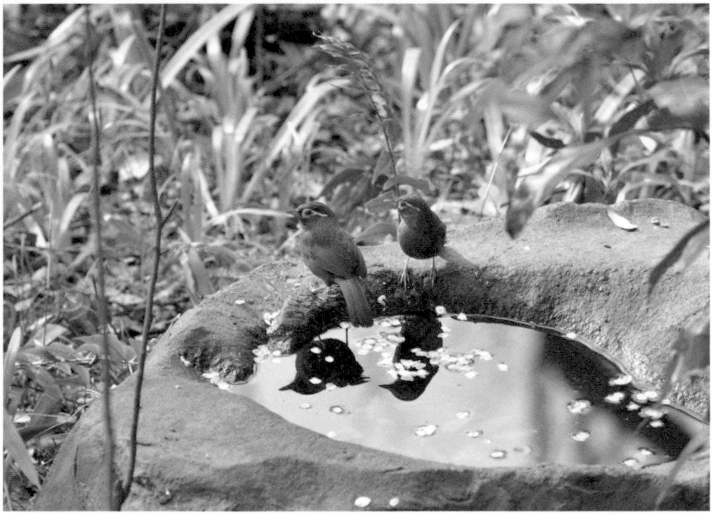

【左下】遠看比較難辨識，但若靠近觀察，可以發現眼睛周遭有清晰的白色眼線，相當獨特，足以認出這是中國畫眉

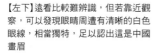

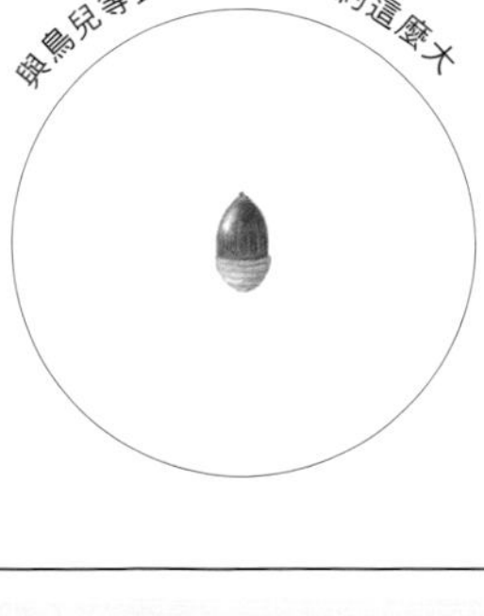

EASTERN SPOT-BILLED DUCK

Anas zonorhyncha

東方花嘴鴨

雁形目雁鴨科

常見程度 ◆◆◆

大小：全長61㎝
可見季節：全年
可見場所：公園、湖澤、池塘、水田、河川、海岸或在水邊行走
鳴叫聲：「呱！呱！」、「歸—歸！歸」
鳴叫聲諧音：無

全年可見的鴨子

鴨子通常都是冬候鳥。其中全年可見的，就是東方花嘴鴨。這種鴨子領著小鴨的模樣相當可愛，因而十分受到小朋友歡迎。

若是第一次賞鳥，絕對建議選擇東方花嘴鴨。牠們不會逃跑、不會飛，近在咫尺。只要用肉眼就能觀察。

在公園的池塘、護城河等處經常可見

觀察鳥類有許多必須講究的訣竅，因此某些人總是難以一圓目標。於此之中，初學者最能夠輕鬆觀察到的，就是水鳥。水鳥若不是浮在水面，就是靜立著準備捕魚，冬天時去到水邊大多都有。其中最方便觀察的，就是東方花嘴鴨。牠們不僅全年都在日本，無論水窪程度的小池塘、水田裡、學校的操場，只要有水的地方，就有機會看到牠們的身影。其嘴喙前緣是黃色的，會「呱呱」鳴叫，用長著蹼的腳啪噠啪噠行走，一邊搖著屁屁，這部分也很符合鴨子給人的印象。相信東方花嘴鴨是最容易讓小朋友說出「我看見了！」然後在圖鑑裡查詢的野鳥。不僅如此，鴨子也跟鴿子一樣，是願意接受餵食的鳥。親人一點的個體會靠過來，彷彿在說「再給我多一點食物！」那易於理解和接觸的氣息，也使孩子們倍感親近。

經常可以看到東方花嘴鴨的一隻親鳥走在前方，屁股後面帶著一批雛鳥。只有雌鳥會孵蛋和育兒

整個嘴喙都是黑的，特色是只有前端是黃色。頭部偏黑，眼部也有黑色線條

只有屁屁浮在水面

仔細觀察鴨子，有時會看見牠們將頭探入水中啄食，只剩屁股漂浮在水上。鴨子的羽毛可以防水，含有大量空氣，因此可產生浮力。

容易混淆的野鳥

【綠頭鴨的雌鳥】
【尖尾鴨的雌鳥】

東方花嘴鴨的雄鳥和雌鳥沒有特別明顯的差異。這點其實相當罕見，大部分的鴨子都是雄鳥較有特色，雌鳥彼此則很相似。尤其綠頭鴨的雌鳥（上圖）跟尖尾鴨的雌鳥（下圖），都跟東方花嘴鴨很像。區分的關鍵在於，東方花嘴鴨的嘴喙前端是黃色的。

【左下】講起東方花嘴鴨，母鴨帶小鴨的散步畫面相當著名。那與人類共存，在都市堅強養育後代的模樣，實在相當療癒

與鳥兒等比例的橡實大約這麼大

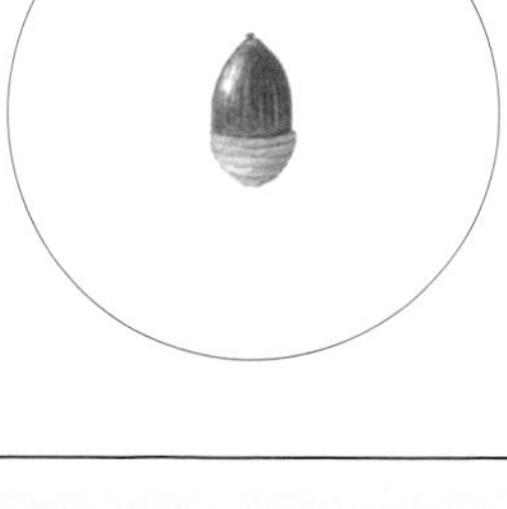

LITTLE GREBE

Tachybaptus ruficollis

小鸊鷉

鸊形目鸊鷉科

常見程度 ◆◆◇

經常誤認成鴨子雛鳥的潛水高手

當我們看見有隻鴨子小寶寶，
還潛起了水來，
那百分之百就是小鸊鷉。
淡水鴨很少會將整個身體沉入水中，
小鸊鷉卻很擅長游泳和潛水，
潛下後會待一段時間才回到水面。
不必為牠們擔心。
牠們是在吃水中的魚和水草。

大小：全長26㎝
可見季節：全年
可見場所：市區公園的池塘、湖澤
　　有時會讓雛鳥坐在背上
鳴叫聲：「喀嚕嚕嚕嚕」、「喀嚕哩哩哩」
鳴叫聲諧音：無

長相稍嫌恐怖，其實相當有愛

仔細觀察小鷿鷉，會覺得那眼睛有些可怕。但牠們其實是滿懷著愛的鳥兒。首先當進到繁殖時期，雄鳥就會送食物給雌鳥當禮物。接著若配成了對，夫婦就會聯手防禦，守護自家的領域。牠們會打造安全的浮島，使其他生物難以覬覦。收集樹枝、草等材料，打造出不會沉下的浮島後，就在上頭產卵。即使萬不得已必須離開，也會用鳥巢的材料確實將蛋藏好，相當謹慎。雛鳥們一出生沒多久就懂得游泳，但小時候很愛撒嬌。當雛鳥攀爬到親鳥的背上，親鳥就會載著牠們游泳。小鷿鷉是不容懷疑的潛水名將。大部分鴨子都只能將一半的身體潛入水中，相對於此，小鷿鷉卻能全身下沉，每次能夠沉潛20~30秒，在水中捕捉魚、水生昆蟲，或者食用水草。其叫聲「喀嚕嚕嚕」跟鴨子相差甚遠。在公園池塘等處可以見到牠們的身影。

從水上起飛時，會在水面奔跑滑行。起飛後，意外地也很擅長飛行

小鷿鷉會在夏天和冬天變色。夏天時脖子附近會變成栗子色，冬天時則是蓬亂的淡色（圖為冬天）

在浮島上育幼

小鷿鷉會選擇在蘆葦、香蒲等水草茂密的場所打造浮島，避免被水沖走。在建造於水面上的鳥巢產卵，這以水鳥而言也很罕見。在必須離巢尋找食物時，會特地將蛋藏好，從這個行為也可窺其智力之高。

容易混淆的野鳥

【黑頸鷿鷉】

黑頸鷿鷉是小鷿鷉的同類。脖子部分有白色，仔細觀察就能看出差異。另外，小鷿鷉遠看時，也常被誤認成鴨子的雛鳥。

【右上】可以毫不費力地捕捉大魚。其泳技之佳，可與企鵝匹敵【右下】有時也會像這樣，將雛鳥背在背上游泳

與鳥兒等比例的橡實大約這麼大

LITTLE EGRET

Egretta garzetta

小白鷺

鵜形目鷺科

常見程度 ◆◆◆

河川旁可見，白鷺的代表

講起河川可見的鳥類，自然就是白鷺了。
在白鷺類當中，最容易觀察到的，
就是此篇所介紹的小白鷺。
雖然說是「小」白鷺，全長其實超過60㎝。
相較於全白的身體、全黑的嘴喙和腳，
唯獨腳尖是黃色的。
令人驚訝的是，小白鷺會搖晃著黃色的腳尖來捉魚。

大小：全長61㎝
可見季節：全年
可見場所：公園的池塘、湖澤、河川、水田
在淺水畔尋找食物，在樹上築巢
鳴叫聲：「鼓哇—！」、「啾耶—」
鳴叫聲諧音：無

站在河川中，認真盯著河底

獨自站立在河川中央的白色身影——白鷺，名號相當響亮，日本甚至還有電車以此命名，但當談及小白鷺，大概許多人都不太清楚那是什麼。「白鷺」是大白鷺、中白鷺、小白鷺、唐白鷺、黃頭鷺等的總稱。在這些白鷺類當中，最貼近我們身邊、能夠輕鬆見到的，就是小白鷺。小白鷺在日本棲息於本州全境的水田、河川、湖畔、海灘等水域，範圍相當遼闊。主食為魚、水生昆蟲、貝、螃蟹等。在水田等處，也會食用小龍蝦和青蛙等。小白鷺會站立在水中，無聲無息地靜止不動。一旦有獵物靠近，就會將黃色的腳當成引誘用的假餌，並以長長的嘴喙捕魚。雄鳥、雌鳥顏色相同，夏季時在後頭部會長出2根冠羽，胸和背部等處也會長出飾羽，冬季時則不太會有。鳴叫聲類似於「鼓哇──！」、「鼓耶──！」等，其實算不上是悅耳的聲音。

小白鷺可用那大大的翅膀飛到很遠的地方。天空中很少會有白色的大型飛行物，因此馬上就能找到

尖銳的長嘴喙，可輕易捕捉水中的魚，也很便於撬開貝類。被螃蟹夾到也不會痛

打造「鷺山」

鷺類會集結起來，形成多品種混雜的群體「鷺山」。當附近有鷺山形成時，除了濃濃魚腥味，還會有貓咪吵架聲般的「鼓耶－鼓哇－！」響徹雲霄。

容易混淆的野鳥

【大白鷺】

遠遠看來根本一樣，其實大白鷺的身形又大了約30㎝。此外其腳尖也不是黃色，而是全黑。嘴喙是黃色的。其餘部分都跟小白鷺很像，有時候會認錯。

【右上】那張開大片翅膀飛翔的模樣，令人聯想到鶴
【左上】夏季時可見2根冠羽
【左下】雙腳左踩右踩，捉住了飛起的蜻蜓！

與鳥兒等比例的橡實大約這麼大

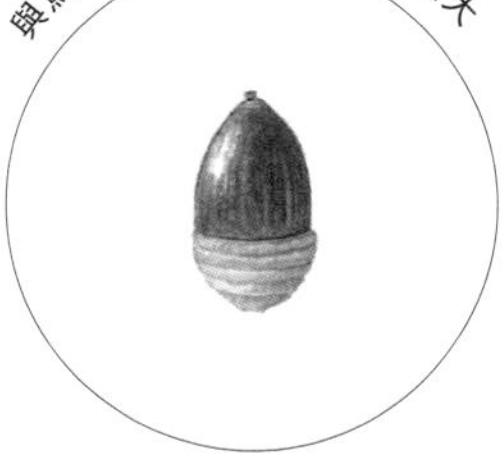

COMMON KINGFISHER

Alcedo atthis

翠鳥

佛法僧目翡翠科

常見程度 ◆◆◇

大小：全長17cm
可見季節：全年
可見場所：市區的公園、池塘、河川、湖澤
從水邊的樹木或突出物鎖定魚類
鳴叫聲：「嘁！嘁！」、「嘁—！」、
「唧唧唧唧—！」
鳴叫聲諧音：無

人稱「水邊寶石」的鳥

閃耀的鈷藍色羽毛。
翠鳥被人們奉為守護自然的象徵。
大家總以為牠們只會在水質清澈的河川現身，
意外的是，其實在普通的河川也能見到牠們的身影。
那美麗的色彩自是一因，
包括在空中懸停的模樣等，
都讓人想要按下相機的快門，是相當特別的鳥兒。

氣勢萬鈞地潛入河川捕魚

會捕魚的鳥有很多，但身體小成這樣，又能全身潛入水中捕魚的鳥類，大概就只有翠鳥類了。牠們的主食是魚，因此會出現在清流等的小樹枝和岩石等處。當我們置身於美麗清流、生苔岩石和綠意豐沛的環境中，看見那鈷藍色的閃耀羽翼從陽光灑落的樹影間現身，實在會感動不已。或許因為這種印象太過強烈，在完全稱不上清流、極其普通的鄰近河川，就算翠鳥現蹤，人們似乎也不太會注意到。當然，在混濁不見底的河川，翠鳥是不會出現的。因為牠們會靜候著準備捕魚。在可以窺視河川的小枝頭上、岩石上，抑或在空中懸停時，一看見在河裡游動的魚，就會鎖定目標，潛水捕捉。在某些案例中，工程師經過重重計算所設定出的新幹線車頭，到頭來其實是相當酷似翠鳥嘴喙的形狀。翠鳥的構造就是如此沒有風阻，是日本的象徵性鳥類。

用嘴喙叼住魚後，就會帶回陸地上，咕嚕嚕地整隻吞下。有些雄鳥在求愛時，會將剛捕獲的食物送給雌鳥

翠鳥的叫聲「嘰嘰嘰嘰ー！」聽起來很像剎車聲。嘴喙下方呈紅色的是雌鳥

只有背部顏色不同

翠鳥如同其名，擁有翡翠般的美麗外觀。其背部和羽翼的顏色看起來不同，這並不是色素差異，而是構造差異。背部的顏色最有光澤。腳是紅色的，很短。如此美麗的翠鳥，卻會在水邊的峭壁等處挖掘橫穴築巢，令人意外。

容易混淆的野鳥

【冠魚狗】

兩者顏色全然不同，應該不至於看錯，不過冠魚狗就跟翠鳥一樣，也是清澈河川的象徵。比起翠鳥，冠魚狗較會出現在山中，因此很難碰見。在翠鳥類之中，冠魚狗是最大隻的，尺寸比金背鳩還要大。

【右中】翠鳥能夠像直升機一樣在空中懸停。嘴喙長且尖銳【右下】潛入水中捉到魚後，就會迅速飛起，回到陸地

WILD BIRD COLUMN

了解鳥兒共通的特徵

在我們的周遭，居住著
各式各樣的鳥兒。
在出發賞鳥之前，
讓我們先稍微想想
關於「鳥」的二三事吧。

鳥的特徵是？

- 在空中飛行
- 用雙腳步行
- 沒有牙齒，有嘴喙
- 全身覆有羽毛
- 骨頭很輕
- 會築巢、產卵
- 視力很好
- 聽力很好
- 是可以吸引到身邊來的動物
- 居所和食物會因季節而異
- 祖先是恐龍
- 會從外國遷徙而來
- 有許多色彩繽紛的類型

諸如此類，鳥兒身上具有許多其他生物所沒有的特徵。
認真想來，不覺得鳥兒是相當不可思議的生物嗎？

嘴喙的形狀會配合著食物進化

鳥的嘴喙會因食物而有差異。

黃眉黃鶲
啄食蟲子和花草果實

桑鳲
可咬破堅硬的樹果

黑鳶
給會動的獵物
致命一擊

鴨子
可濾出水中的食物

小白鷺
捕捉河川中的魚

做實驗體驗鳥兒的飛行

走在森林和公園裡時，經常會撿到鳥的羽毛。小型鳥的羽毛比較沒辦法，如果是烏鴉大小的鳥的羽毛，請務必拿來做個實驗，那就是「用羽毛拍打空氣」。請將羽毛拿在指尖，閉上眼睛放鬆力氣，試著輕而慢地掃過空氣。在這過程中，手或許會感覺到浮力稍有增加。雖然相當微不足道，還是可以稍微體會鳥的感覺：「原來就是這樣飛行的呀！」

鳥笛

鳥笛是很有魅力的物品。從不鏽鋼製品到手工木製品，類型繁多，身邊若能擁有一支，就會湧現萬分期待。不過必須小心，鳥笛要是用錯了方式，可會造成反效果。有些鳥類的地盤意識相當強烈，如果在其地盤裡響個不停，或在牠們鳴叫的同時使用鳥笛，有可能會把難得碰到的野鳥給嚇跑。另外，在3～6月的繁殖期，鳥笛聲也可能會對鳥兒的繁殖帶來負面影響，建議不要使用。想使用時，先輕輕響個1、2次，在原地靜觀其變吧。

賞鳥的基本知識

賞鳥其實是適合大人的活動。在孩子們認識大自然的過程當中，比起昆蟲和花草，要尋找鳥兒的蹤影相對困難，年紀小的孩子會較難產生興趣。其原因就在於雙筒望遠鏡，雖然大人都能使用無礙，小孩子其實相當難以駕馭，一直要等到上了小學，才有辦法熟練操作。最開始較推薦給孩子使用4倍等倍率較低的雙筒望遠鏡，大人則以7～8倍左右為佳。雙筒望遠鏡的倍率大，雖然能將鳥兒放得比較大，相對地也會更重，孩子容易拿不穩，此外鳥兒也會很快就跑出視野之外，難以再次尋得。若是親子一同賞鳥，不妨先選擇輕盈、低倍率的雙筒望遠鏡，方便掛在脖子上，就連去公園都能輕鬆攜帶。

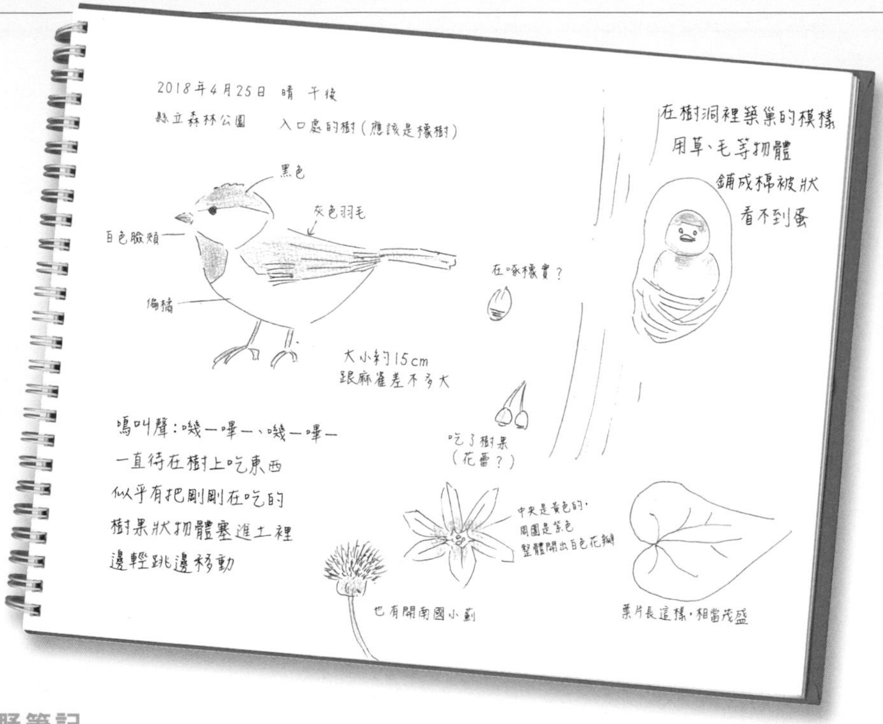
2018年4月25日 晴 午後
縣立森林公園 入口處的樹(應該是橡樹)
黑色
灰色羽毛
白色臉頰
偏橘
大小約15cm
跟麻雀差不多大
在啄橡實?
在樹洞裡築巢的模樣
用草、毛等物體
鋪成棉被狀
看不到蛋
鳴叫聲:嘰—嗶—、嘰—嗶—
一直待在樹上吃東西
似乎有把剛剛在吃的
樹果狀物體塞進土裡
邊輕跳邊移動
吃了樹果
(花蕾?)
中央是黃色的,
周圍是紫色
整體開出白色花瓣
也有開南國小薊
葉片長這樣,相當茂盛

製作田野筆記

親近野鳥的時候，試著將看見的東西畫成素描，留下紀錄，製作「田野筆記」，將會更有趣味。例如記下日期、天氣、前往的場所，並記錄觀察到的鳥兒、聽見的鳴叫聲、掉落的羽毛等，想到什麼就寫下什麼。跟鳥兒一同碰見的花草，也試著一起畫成素描、製成壓花等，在回顧筆記時會更津津有味。置身大自然中沉澱心靈，單純畫個素描也很開心。

對孩子們而言，田野筆記會成為充滿回憶的繪畫日記，是個人專屬的圖鑑。從「單純碰到了」、「看見了」出發，試著進一步深入觀察，就算鳥兒並未現身眼前，感受能力也會變得更敏銳，知道「那棵樹上應該有鳥」、「總覺得要出現了」等。而在回家之後，諸如「在那之後下了雨，不知道鳥兒會在哪裡躲雨呢」等等，相信鳥兒會有如附近經常碰見的貓咪那般，成為平易近人的事物，激發我們更多的想像。如果初次嘗試，沒能順利遇見野鳥的話，則不妨去參加附近日本野鳥會的賞鳥活動等。此外，在自然公園若有導覽活動，問問野鳥的相關問題，導覽人員也會詳盡說明野鳥經常出現的場所和特徵等。

Q 可以飼養野鳥嗎？

A 基本上野生動物都是禁止獵捕的。就算雛鳥掉到巢外，也請不要帶回家。只有「具獵捕資格者」或「經過許可」，才是合法的獵捕行為。

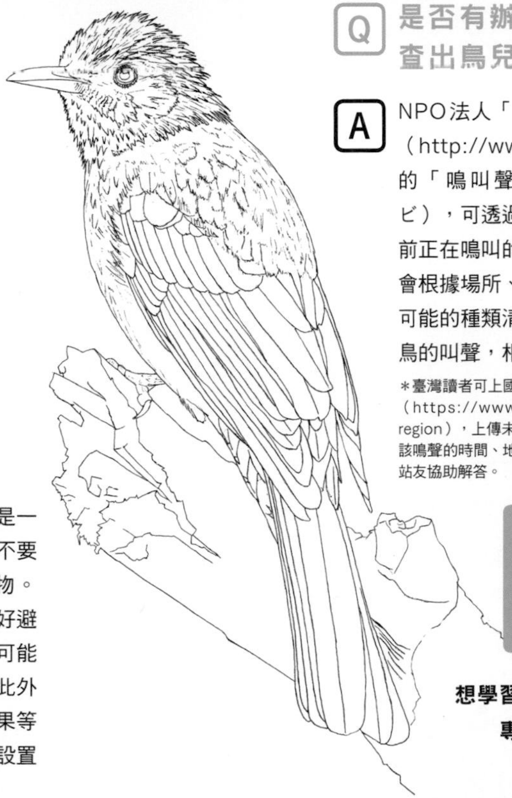

Q 在庭院裡打造飼料台需要注意些什麼？

A 餵食野鳥是否合宜，基本上也是一個值得思考的問題，但至少請不要一整年都在飼料台上擺放食物。春～夏季時基於衛生考量，最好避免將食物放在室外，這樣也有可能會招來蟑螂、貓等其他生物。此外從春到秋季，花朵、昆蟲、樹果等食物來源都相當豐富。如果想設置飼料台，請只限於冬季擺放。

Q 從鳥兒落下的羽毛，可以知道這是哪種鳥嗎？

A 雖然要全部查出來有些困難，市面上其實也有可以查詢羽毛的圖鑑等。若要親子一同閱讀，很推薦《這是誰的羽毛？》（暫譯，原書名《この羽だれの羽？》，おおたぐろまり著／繪，偕成社出版）一書。之中介紹了我們生活周遭的野鳥羽毛，不妨先從這本書開始讀起。

Q 是否有辦法從鳴叫聲查出鳥兒的名稱？

A NPO法人「Bird Research」網站（http://www.bird-research.jp）的「鳴叫聲導覽」（さえずりナビ），可透過智慧型手機等，查詢眼前正在鳴叫的鳥兒是哪一種鳥。系統會根據場所、季節、聲音類型等列出可能的種類清單，並可實際聆聽這些鳥的叫聲，相當方便。*

*臺灣讀者可上國際鳥音網站「XENO-CANTO」（https://www.xeno-canto.org/explore/region），上傳未知鳥鳴聲的錄音檔，並標明聽見該鳴聲的時間、地點等詳細資訊，會有經驗豐富的站友協助解答。

Q&A

想學習更多野鳥的知識！
專為讀者整理的
常見Q&A。

Q 該如何參加賞鳥會？

A 在公益財團法人日本野鳥會（https://www.wbsj.org）的網站上，可以找到賞鳥會等活動資訊。此外也可查詢到野鳥相關的二三事，報名申請還可獲得免費手冊，相當方便。若鄰近處有日本野鳥會的分部或自然生態保護區等（守護野生鳥獸之棲地，可體驗該地區自然的場所），也不妨前去看看。

WILD BIRD  COLUMN

在日本有滅絕之虞的鳥類

據說日本大致上約有600種可見鳥類。比起花草、昆蟲等，鳥類的數量本來就少了許多；令人遺憾的是，由於自然環境變化，目前某些鳥類正在面臨滅絕危機。

遊隼

會以猛烈速度飛行的猛禽類。會將蛋產在斷崖的凹處，棲息數量受開發及採礦影響而減少。也有報告指出環境汙染導致其蛋殼變薄。

金鵰

立於森林生態系金字塔的頂端，有時也會捕食老鼠和鹿等。被稱為「風中精靈」。據說目前日本全國僅剩約500隻。

短尾信天翁

飛行時必須助跑，輕輕鬆鬆就能捕捉到，在日語中因而稱為「笨鳥」。原本壽命約有30年，但其數量已因採羽目的之濫捕而銳減。

灰山椒

會「唏哩唏呤、唏哩唏呤」地鳴叫。食物不是山椒果實，而是蟲子。其「唏哩唏哩」的鳴叫聲就像吃了辣山椒一般，因而得名。

東方白鸛

東方白鸛被稱為送子鳥。遠看跟鶴也很相似。其數量已因棲地開發、水質汙染等因素而減少。

鳥在自然生態系的金字塔中位居上位。小小的微生物和蟲子等會居住在植物中，而鳥吃植物。鳥兒可以飛到空中逃跑，會捕捉鳥兒的，頂多也只有大型鳥而已了。鳥類感覺起來彷彿無敵，為何之中卻有許多物種，都被迫面臨滅絕的危機呢？大部分的原因，都是來自人類所帶來的環境破壞。

舉例而言，倘若毫無秩序地開墾綠意富庶的森林，棲息其中的植物就會大幅減少。而若以水泥填平河川，許許多多的花草也會遭到消滅。隨著這些自然環境的變化，鳥類當成食物的果實和種子、蟲子和蚯蚓等都會減少，能夠築巢的場所也會變少。此外，位居生態系頂端的鳥類，換個角度來說，也更容易攝取到在食物鏈中累積的環境汙染物質。如此這般，在自然生態系中，鳥類其實相當容易受到環境變化的影響，是暴露在滅絕危機中的族類。

此篇所介紹到在日本面臨滅絕危機的鳥類，僅是滄海一粟。透過理解這些野鳥的處境，哪怕僅有些許，希望大人和孩子們都能對自然環境的變化抱持更多關注。

毛腿漁鴞

翼展將近2m的貓頭鷹。因為森林砍伐、河川環境惡化等喪失了原本的棲息地，被迫走上滅絕之路。

朱鷺

學名Nipponia nippon。過去曾經大量棲息於日本，如今幾乎難見其影。

冠海雀

如同其名，生活在海上。在追捕魚兒時，有本事潛水40m之深。許多案例皆是被定置網等勾住，無法逃脫而死亡。

普通夜鷹

在宮澤賢治的短篇小說《夜鷹之星》當中，夜鷹因為比其他鳥兒樸素，而被評為醜鳥。其個體因森林砍伐、農藥汙染等，正在急速減少。